能源·创新·变革

理念变革将带来能源动力新突破

CHANGES IN PHILOSOPHY WILL BRING NEW BREAKTHROUGHS IN ENERGY AND POWER

仲　武◎著

中国文史出版社

图书在版编目（CIP）数据

理念变革将带来能源动力新突破 / 仲武著 . — 北京：中国文史出版社，2014.5

ISBN 978-7-5034-4970-3

Ⅰ . ①理… Ⅱ . ①仲… Ⅲ . ①节能 – 技术革新 – 文集 Ⅳ . ① TK01–53

中国版本图书馆 CIP 数据核字（2014）第 085735 号

责任编辑：戴小璇
封面设计：陈欣欣

出版发行：中国文史出版社
网　　址：www.chinawenshi.net
社　　址：北京市西城区太平桥大街 23 号　**邮编：**100811
电　　话：010–66173572 66168268 66192736（发行部）
传　　真：010–66192703
印　　装：廊坊市海涛印刷有限公司
经　　销：全国新华书店
开　　本：1/16
印　　张：18.125
字　　数：107 千字
版　　次：2014 年 5 月北京第 1 版
印　　次：2014 年 5 月第 1 次印刷
定　　价：68.00 元

作者的话

本书汇集了我近几年在节能、减排、动力等领域的有关理论创新的文章，还有一些创新技术转化过程中运营机制、转化资金落实等方面的研究、实践经验总结；对我自己申报的有代表性的专利进行了简要介绍，提供了几个转化项目的项目计划书供参考、交流。

2012 年，我偶然间突破了自己数十年形成的惯性思维，发现虽然能量是守恒的，但是能量的获取显然不是只有能量转换一种模式，我们完全可以实现 100% 以上，甚至几十倍的能效，消耗一份能源，到得数倍乃至数十倍能源等值的热能。在这之前，我也是一个给能量守恒定律强加了自己的所谓简化理解和快速判断逻辑的人。回想 2004 年，当我第一次听人说水源热泵采暖制冷能节电，“消耗一度电能得到几度电的热能”，我就根本没打算再听对方的细节，内心只有一个声音就是“胡说八道”、“不懂科学”。回忆那个情节，历历在目，感慨颇深。这两年，遇到很多当年的“我”，看到他们的眼神、态度，我也不想说什么，也知道说什么也没有用，我真的理解！今天，我特别希望看这本书的朋友，别学当年的我，要倒空自己心里的那杯“水”，只有这样才能看进去、看明白本书想表达的思想，否则就请合上本书吧。

本书中大部分的技术描述都是基于中学物理知识，谈不上高技术，只要认真看，应该容易理解、容易应用。如果有些什么“新概念”以前未曾接触，网上一查便知。我在和朋友们交流的时候，只要对方能静下心交流，几乎没有遇到听不明白的人，有的朋友总结说：补了一堂中学物理课。曾有一位名人说过：农业时代接受小学教育，会使用农具、农药、化肥就能生存；工业化时代，有初中文化水平就够了，能看懂说明书，能操作机器就可以应付社会。实际上我们日常生产、生活的环境，绝大多数人只要能学好、用好中学的知识，就可以活的很好了，足够了！现在的社会上，一千个大学生中，几乎找不到一个在毕业后还能用上微积分、有限元的人！而一千个大学生中，估计能找出近百个不会换灯泡的人。

我意图通过本书内容，向读者介绍一种创新思考问题、解决问题的方式，从眼前做起、从普通技术、成熟技术入手，让我们的世界再多发生一些创新的变化，不要为中国制造害羞，而要为浸润了无数中国创新能手心血的中国制造骄傲！并继续努力！

如果说创新经历，那就是我曾经完成数十个创新科研项目，涉及军品、民品多个领域，几乎都没有走寻常路。比如，让单片机通过几个TTL芯片就直接驱动PC的显示卡、把电视机遥控发射接收器用于核弹坠落试验数据传输、根据报纸照片上点阵原理制作LED汉字显示屏、用几块钱的单片机控制汽车所有电路、用电风扇超声器件做采油计量仪液面非接触测量、故意将磁盘损坏制造不可复制“坏道”作为软件版权标记秘钥等等。我工作中从来不碰那些类似“纳米”那样神奇的技术，决定承接一个项目时，心里往往就已经有创新方案，甚至全部材料、零件如何买、如何做已经十拿九稳；上街马上买不到、周围合作伙伴做不出、原理自己想不通的，一概不考虑、不使用，项目让别人去干吧。我做研发几乎不考虑别人是怎么做的，只考虑什么最直接、最简单、最可行、最便宜、最快捷。近30年科研工作中，完成数十项科研实践工作，“失手”的次数屈指可数。上世纪90年代即曾经两次获得部级科级进步奖。经营企业20多年间，还亲自制作了数万分钟培训、管理教程，数十套应用软件系统，曾在全国某些行业领域大量使用、长期使用。

以前的我，就像是一个“狙击手”，有再好的射击本领，也几乎对战争的进程无关。枪法越好，潜伏的时间越长，训练越艰苦，越没有发展的机会，终究自己也会厌倦或被时间淘汰。没有人见到过狙击手当将军的吧？！猎人就可以成为狙击手，但我好像不应该是个猎人。而且说到底，这样的一些技术创新，对社会贡献是有限的，“狙击手”总是要“退役”的。进入 21 世纪，我几乎彻底抛弃技术，开始学习研究社会、经济、金融，等到看到大的宏观需求以后，创新的习惯让我在新的层面再次有了发现，发现一个制作“原子弹”、“氢弹”的机会，这样的武器，必然能决定战争的进程，值得我再次投身其中，有可能让有限的生命，为社会进步创造出无限的价值，应该搏一搏！

本书部分内容将挑战很多“专家”、“学者”、“领导”的逻辑判断底线，好像“违背”了能量守恒定律、显然“违反”了热力学基本定律、似乎属于某类“永动机”翻版；书中有些关于科研、管理、团队、经营的理念和长期以来大家形成的“共识”背道而驰，也显得“另类”。同时，又因文字水平有限、临时起意、准备仓促，肯定存在许多缺点和错误疏漏之处，欢迎读者拍砖，更希望大家根据作者良好的出发点，看主流和内涵，包容、原谅书中可能出现的令人不快的内容，如果实践证明有的观点是错误的，那也是我能力所限，非我本意，我先真诚道歉！

如果有反对意见、改进建议，或者有需要交流的问题，请将信息发到下面的邮箱：gouzhw@vip.sina.com，我会尽力回复，谢谢！

仲武
2014 年 5 月于北京，第一版

目录 contents

第一章　创新理论基础

第一节　即将来临的一场动力机械变革

世界机械史的发展历程与人类文明发展是紧密联系的，每一个时期的动力机械都有各自的特点，曾给人类社会带来进步和发展，但也给人类社会带来能源危机、环境污染、地球变暖等一系列问题。本文提出一个新的观点和技术路线，对现代机械，特别是动力机械的能量来源、用能方式、工作介质进行调整，相信这种变革的时机已经成熟，也一定能为彻底解决人类目前面临的这一系列问题带来希望！

一、动力机械发展和能源利用历史

世界机械的发展与人类的文明紧密相连，根据人类文明的发展，世界机械的发展史可分为三个阶段：从公元前 7000 年城市文明的出现到公元十七世纪末为机械的起源和古机械发展阶段，从十八世纪到二十世纪初为近代机械发展阶段，由二十世纪初到现在，为现代机械发展阶段。每一个阶段的机械都有各自的特点，都曾使得人类社会发展进入新的阶段。

1. 动力机械起源和古机械发展阶段

据世界考古家发现，公元前 7000 年，在巴勒斯坦地区犹太人建立杰里科域，城市文明首次出现在地球上，最早的机械——此时诞生的车轮是人类重要的发明之一，正是由于车轮的诞生，才使车成为人类重要的交通工具。

15 ~ 16 世纪以前，机械工程发展缓慢。但在以千年计的实践中，

在机械发展方面还是积累了相当多的经验和技术知识，成为后来机械工程发展的重要潜力。动力是发展生产的重要因素。17 世纪后期，随着各种机械的改进和发展，随着煤和金属矿石的需要量的逐年增加，人们感到依靠人力和畜力已经不能将生产提高到一个新的阶段。

2. 近代动力机械发展阶段

1776 年，瓦特制造出第一台有使用价值的蒸汽机，以后又经过一系列重大改进，使之成为“万能的原动机”，在工业上得到广泛应用，人类进入了“蒸汽时代”。自此机械的原动力以煤炭为主，强大的动力带来了一系列需要大推动力机械的诞生：汽车，割麦机，铁船等。蒸汽机的发明和发展，促进矿业和工业生产、铁路和搬运机械动力化。几乎成为 19 世纪唯一的动力源。

1834，第一台实用电动机诞生，电动机进入了实用化阶段，人类进入“电力时代”。1838 年，俄国的雅克比用蓄电池给直流电动机供电以驱动快艇，这是首次使用电力传动装置。1860 年，法国的额努瓦制成第一台实用的煤气机。1862 年和 1865 年先后造出中国第一台蒸汽机和第一台木质蒸汽机船。

从这个时期开始，人类开始利用各种直接能源物质（如煤炭、石油）和转换获得的间接能源载体（如电力），开始消耗地球千百年来积累自然资源，也开始一点点的破坏环境，排放各类污染物。

3. 现代动力机械发展阶段

19 世纪末，电力供应系统和电动机开始发展和推广。20 世纪初，电动机已在工业生产中取代了蒸汽机，成为驱动各种工作机械的基本动力。发电站初期应用蒸汽机为原动机；20 世纪初，出现了高效率、高转速、大功率的汽轮机，也出现了适应各种水力资源的大、小功率的水轮机。19 世纪后期发明的内燃机经过逐年改进，成为轻而小、效率高、易于操纵并可随时启动的原动机。内燃机最初用于驱动没有电力供应的陆上工作机械，以后又用于汽车、移动机械（如拖拉机、挖掘机械等）和轮船，20 世纪中期开始用于铁路机车。内燃机和以后发明的燃气轮机和喷气发动机，还是飞机、航天器等成功发展的基础技术因素之一。

在动力机械飞速发展之下，大量动力机械应用给自然环境带来了严重的破坏，热能排放、温室气体排放、烟尘颗粒物排放等环境污染，带来地球变暖、海平面上升、气候变坏等问题，严重危害人类自身以及其它生物的生存，而各种数百、上千万年积累的化石能源物质资源也消耗殆尽。

人类社会高速发展的背后是一个如此“污染”的世界，但人类又离不开动力机械，动力机械已经能为人类社会不可或缺的一部分。人类希望动力机械的发展会越来越好，但同时必须减少对环境的影响，实现资源循环利用、再生利用，才能为人类社会的发展做出更大的贡献。

二、动力机械能源现状成因分析

人类使用能源物质的基本理论是设法利用热能转换为动能。热能的本质是物体内部所有分子动能（包括分子的平动能和转动能）之和，内能通常是指物体内部分子无规则运动的动能与分子间势能的总和。包括物体内部所有分子的动能之外，还包括分子间势能的总和。现代的质能守恒定律在能量守恒定律基础上又前进一步，使得人类可以利用原子能。

由于技术理论、工业基础等综合因素限制，一开始人们只能利用分子、原子间势能的变化来获得热能，采用氧化反应和其它化学反应得到的热能让水蒸气、空气等工作介质受热膨胀，输出动力。

近三百多年的动力机械发展史，让人们习惯于用“高温”来获得动能输出，不论是内燃机、外燃机、火箭发动机等等，几乎无一例外。包括现在的核动力装置，也就是设法依靠核反应产生的热量，让工作介质达到高温、膨胀来输出动力。

三、动力机械变革的出路

形成传统的动力获取的基本理念有历史原因。要想彻底改变目前的能源利用现状，必须打破惯性思维，在坚持基本的能量守恒、质能守恒定律的基础上，找出一条获取能量、利用能量、再循环利用能量的新思路。

1. 膨胀工作温段调整

热和功的单位都是焦耳，而焦耳和温度无关，也就是说，高温的热、低温的热，理论上转换为功的潜在能力是一样的！功最后都变成热，而热必须借助某种介质和装置就可以部分变为功，物理学基本理论也没有限定什么温度下的热不能变成功!

卡诺定理阐明了热机效率的限制，指出了提高热机效率的方向，可以简要理解为提高高温温度、降低低温温度、减少其它机械摩擦和热损耗。卡诺定理也并没有限定低温必须高于多少？高温必须是什么范围？而且根据卡诺定理同等温差情况下，工作温段越靠近绝对零度，介质比热变化不大，热机热量消耗一样，但是理论效率越高！是后人在应用的时候，自己习惯于根据前人的“经验”得出：“降低温度不容易实现”、“温度越高效率越高”的想当然结论。

根据物理学基本理论可以知道，物质的体积由分子、原子之间的距离决定，温度越高，距离越大；如果都是膨胀 10 倍，我们是把分子距离从 1 拉开到 10 容易？还是从 10 拉开到 100 容易呢？绝大多数物质都可以实现固、液、汽、气变化过程，吸收同样热量，不同状态、温度段落的膨胀变化显然大不相同。变化最剧烈的是液－汽－气阶段，而绝对不是从较低温度气体到更高温度的气体！这个结论和卡诺定理的结论是一致的。

我们必须继续采用介质受热膨胀做功输出动力的原理，但是将工作的温段不要僵化在摄氏高温几百、上千度的范围。摄氏温标是为了方便人们生活，以水作为参照物标定；热力学则应用开氏温标来研究问题，只要不是绝对零度，物质就都有热能可供利用。只要有一定温差来实现介质升温，高低温热能都一样变为势能，势能转换出来的动力也是一样的。降低工作温段，直接能带来热－功转换效率提高，还能带来另外的变化。

2. 改变热量来源

如果动力机械内部从常温到高温膨胀工作，高温的热能很容易散失，在自然界很难存在，必须实时消耗能源物质来获得高温热能才能工作。而只要不是绝对零度，物质都有热能，而且热能能自动从高温向低温物质转移。如果我们的动力机械温度设计的膨胀做功初始温度较低，那么相对较高的物质都有能力给它转移热量，也可以用于转换为动力。

卡诺定理还有一句：在相同的高温热源和相同的低温热源之间工作的一切可逆热机的效率都相等，与工作物质无关！这也就是说，我们用水、用低温空气、高温空气或其它工作介质（如氨、氟利昂等），均不影响理论上热机的效率，也就不存在影响输出动力大小的问题。

如果选择了液态空气这种－196℃的蓝色液体作为工质，自然界常温的空气、河水、海水，都是相对“高温”的物质，都可能成为给它加热的“热源”、能量的提供者，成为能源物质了！只要将环境的热量传递给液态空气，它就能沸腾、膨胀、做功，不需要再消耗其它石化燃料或生物质燃料来获取热量了。

本来液态空气作为工作介质和作为能源的汽油没有可比性，动力输出的大小，只取决于传递给液态空气的热量多少，也就是同等工质和温差有关；同等温差和工质比热差有关。

基于上述两点，分别工作在不同温度段落使用液态空气和空气的卡诺热机，工质都是空气，比热容一样；根据卡诺定理的公式可以得出，理论上：从－200℃吸收环境热膨胀到20℃的空气，热机效率理论值约是75%；从20℃依靠燃料燃烧热升温到1300℃的空气，热机效率理论值也是75%；假设摩擦损失一样，从超低温升温到常温的膨胀过程，几乎没有热损失，甚至还会边膨胀、边吸热，因为所有接触的零部件都有可能比工质温度高，整体热损失少或许还有增加；而升温到1300℃的工作过程中其工质温度远远高于环境，必然会产生热量损失。这两个过程，前者温差只有220度、后者温差1280度，前者的能量可以免费获得，后者的能量必须用燃料消耗获取。后续通过对一些细节进行设计，提高前者的最高温度，适当增加工质的数量，热效率、热容量进一步提高，完全有可能让两个工作过程输出的动力由理论值相差5倍缩小到2倍或更小。至少可以确定，前者的动力获取是完全绿色的、免费的。

3. 多学科技术成果交叉应用

充分挖掘这100多年来科技进步的成果，打破传统思维，把材料科学、空气动力学、热力学、信息科学等多学科的成熟技术成果，应用到动力机械的创新中，应该能让古老的动力机械来一次涅槃重生、脱胎换骨。

四、动力机械变革已有的进展

近年来，人们已经感觉到可以采用某些方式实现自然界空气、水、土壤等物质中已有热能的再利用。比如空气源、地源、水源、污水源热泵等等，只是没有进一步应用到动力机械、能源输出领域。

把自然界热量和系统自身浪费掉的热量充分利用的技术实践也不是没有人去探索，只是因为没有大胆的变革和系统的思考，所以取得的进展并不大。我们举几个例子：

1. 飞机喷气发动机用喷水的方式实现加力

这方面的一个经典就是美国的越战空中主攻手F105攻击机，它专门在尾部设有一个200来升的水箱对发动机喷水以获取短时最大加力推力。这种喷水加力的作用就是提高发动机喷气质量（M），进而提高发动机的推力。与此类似，原苏联的米格25也采用对发动机喷射酒精来提高发动机的推力。网上资料显示，在20世纪80年代以前发展的客机如波音707、波音727、波音747-100、波音747-200、三叉戟、DC-8、安-24等，均采用了喷水加力，用于飞机在炎热地区或高原机场上起飞时，使飞机全载起飞。这种喷水加力的效能有限，大约能提高百分之十的推力。

中学物理知识告诉我们，喷气发动机的推力和喷气质量、喷气速度有关，和最终喷出气体温度无关。喷水，可以让喷出的火焰瞬间把水加热到气态，体积急剧膨胀，会以更高的速度和原有的喷气一起喷射出去。获取额外动力。

进一步分析，喷水的方案，因为水的汽化热太高，热消耗太多，不是好方案；喷酒精，汽化热约是水的一半，也不低，但是有可能和发动机喷气中剩余氧气反应燃烧再产生热，继续膨胀。

用本文的理论，则应该喷液态空气，原因是其汽化热是水的近8分之一；成本低廉（制备时0.3KwH/Kg）约合每公斤不到2角钱。它能充分利用尾喷管热量物理气化膨胀，输出更大推力的同时，还使得飞机红外特性大大降低。应该成为喷气发动机的辅助“燃料”使用。

2. 压缩空气动力发动机

十多年来，国内外有不少人研究用压缩空气作为动力推动各种发动机输出动力。这项工作的初衷不是节能减排，是储能再利用、清洁动力。国内目前已经有近十多个企业在研究压缩空气动力车的产业化。有多个国内厂家已经有原理样车甚至小批量投入试验运行。

因为出发点不同，这些应用方案就仅仅局限于压缩、膨胀、储能、放能过程的探究，没有系统考虑能量综合利用，以及如何提高压缩膨胀全过程的能量利用效率。压缩空气动力车提出的方案也五花八门，说不清哪一种方案能有绝对优势、为什么有绝对优势。有人批评这种方案综合能量利用率，因为综合考虑发电、压缩充气、气动发动机做功，综合燃料能效不到6%，自然不经济，再加之储能密度不高、续航能力也不足，不值得研究和推广。

但是利用本文的理念，我们提出一个用液态空气作为“工质”的

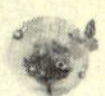

系统方案。首先制备液态空气的过程是热泵制冷输出热能的过程，可以用热泵技术得到高温热水或蒸汽输出利用，“副产品”就是被“冷却”成液体的液态空气；使用中从液态空气汽化开始，就从环境空气中吸热获取能量，再用四冲程内燃机原理，在“吸”、“压”冲程吸收环境空气、缸体的热能，在预先气化后的低温高压空气喷入后能达到较高温度、更高压力，实现高压膨胀做功。做功过程降温、减压，以较低温度、压力排放到环境中。

液态空气吸收环境热产生的压缩空气推动发动机和用机械能生产压缩空气作动力，貌似一样，实际上存在本质的不同了！这样的发动机只有制备液态空气的时候确实消耗了能源（比如电能），但是也输出了部分热水、蒸汽；做功过程的能量全部来自环境空气热能（轮船则可以来自于水），整体针对“燃料”消耗计算能效会大于100%！而且整个过程是空气的物理状态气体－液体－气体变化，没有污染排放、没有热排放，甚至可以吸收中和城市热岛中其它燃料汽车排放的热能再利用，完全不用消耗石化燃料，把节能减排、环境热循环利用可以做到极致！

如果用“液态空气”工质吸收的热能和燃料燃烧产生的热能作为混合动力热能来源，可以利用内燃机排放的热能解决寒冷地区工作的问题，同时充分发挥燃料燃烧产生的热能，也让发动机实现零热排放，能效提高，环保指标提高，大幅度节省燃料，一举多得！

3. 乳化加水柴油

前些年加水的乳化柴油项目起起落落，一直没有的到很好地推广应用。究其原因，也是没有研究透彻加水的机理和目的。简单描述，好像就是打算实现“水变油”。其实现在分析就容易得出结论，柴油机压缩比大，工作温度高，排放余热也较高，浪费的热量可以让乳化柴油中混入的少量水汽化，物理膨胀，体积放大几百倍增加压力、减少热量直接排放损耗，提高效率。

原理清楚以后，应该进一步考虑采用不会引起腐蚀、汽化热较低、成本合理、容易燃料混合、不影响燃烧过程的物质达到同样的目的，改善发动机的性能，提高目前的柴油机效率。再引申一下，很多应用场合，都是把燃料汽化以后再燃烧膨胀做功，燃料气化过程的“膨胀”势能没有充分利用，比如液体火箭、非缸内直喷的内燃机等等，这样也更容易解释为什么采用液态燃料缸内直喷的动力输出会大幅度提高、为什么采用涡轮增压以后排气温度下降而动力输出会大幅度提高。

4. 无叶片风扇

空气动力学里面有个科恩达效应，即采用某种结构后用一份高压气流可以带动几倍、甚至上百倍气体一起运动。这个概念诞生很久了，但是好像只有到了 2011 年才有人用这个理论报了“无叶片风扇”专利，现在市面上才有无叶片风扇，就是一个完全没有旋转的叶片的空心框框，就能吹出大流量的风！市场也逐渐风靡起来。工业领域这几年也出现一个空气放大器，可以节约 90% 以上的压缩空气，但也仅仅用于吹尘、吸尘工况。创新一下，这个空气放大器是不是可以用在抽油烟机、家用吸尘器、道路清扫、除雪机械，代替汽车涡轮增压、代替飞机发动机的压气机等等，前途真的无可限量！

五、动力机械能源利用未来展望

针对目前的现状，未来动力机械改进首先涉及的就是动力的能源利用问题，预计将会实现以下几个应用变化：

1. 能源充分利用

让原有的内燃机、外燃机、火箭发动机等各种动力机械，把它们原来浪费的和输出动力无关的热能尽可能设法利用起来，让某些介质吸热膨胀继续做功；

比如采用液态空气－燃料混合动力发动机，利用一般内燃机的浪费的大量热能，加热液态空气使之物理膨胀做功，将一般发动机的燃料热能利用率大幅度提高，环境热排放大幅度降低，从而减少人类在同等动

力需求情况下对石化燃料等能源物质的消耗。

2. 能量循环利用

对于自然界已有的环境热能，通过调整工作介质、工作温度段落、换热方式等手段实现循环再利用，环境热能成为动力机械的能量、热量来源，动力最终还是转化为热能回到自然界，让地球的能源取之不尽用之不竭。

只要对目前各种内燃机、喷气机等膨胀机稍加改动，直接使用液态空气作为膨胀介质，就可以利用人类自然界各种物质具有的热能，比如空气热能、环境水热能、太阳能、土壤热能、工业废热等，实现在较低温度就可以进行“膨胀做功”，输出动力。

这种变革从原来我们内燃机工作的介质空气免费获得，能源物质汽油需要生产制备、购买、消耗，改变为能源来自于空气、土壤、水、废热，几乎没有成本、不要钱，而工作介质液态空气需要制作、购买。这样的改变，从消耗有限的石化燃料变为循环利用取之不尽的自然环境热能。买能源变为买介质，发生角色交换！能源物质的价格成本和工作介质的制造价格成本也大不相同，实际使用过程中也必然使得综合成本大幅降低。

以改造后的内燃机为例，4 缸发动机，全部采用液态空气膨胀的压缩空气推动，保持和使用燃料时一样的巡航动力输出，要求气缸压力达到 1.5MPa 以上，用气缸里再充入 0.5 倍质量气体的方式简单计算，以 1500 转 / 分钟，巡航 1 小时，行驶 100 公里，发动机排量 1.0 升，四冲程发动机每 2 转完成一个做功循环，每小时需要的工作介质数量是：

60（分钟）×1500（转 / 分钟）/ 2×1.0×0.5=22.5（立方米）

22.5（立方米）/ 22.4（摩尔体积）×30（公斤 / 摩尔）=30（公斤）

在液态空气膨胀时利用射流引流器、气体放大器可以再利用 70% 的压缩空气，实际消耗的估算约二分之一（有希望更小）。

30（公斤）/ 2×0.2（元 / 公斤）=3（元）

较乐观的估算结果是 100 公里巡航状态下，液态空气介质的消耗量约15公斤，成本约3元。

用能量守恒方法估算，每小时使用15公斤－196℃液态空气，通过射流引流设备带动的气体总量约30公斤，升温到20℃，再与气缸内压缩冲程结束时的200℃气体混合到130℃左右。液态空气汽化热约80Kcal/Kg，空气的比热约1.4，整个工作过程虽然有摩擦损失，但是有更多的吸热过程，整体热效率较高，可按照50%单次循环效率计算。

15×2×（80+（196+130）×1.4）=16092（Kcal）

16092×50%/860（Kcal/Kwh）=9.35（Kwh）=12.5（马力）

按照内燃机效率25%计算，约相当于一个约37千瓦的汽车（微型面包车）动力。

3. 热能综合利用

这些使用液态空气的新型动力机械，使用过程中热能实现综合利用、完全利用，系统达到尽可能高的能效比，实现尽可能低的综合环境化学物质、热能的排放，几乎没有化学变化，只有物理“相变”，做到真正的“0”排放。

制作液态空气这个“新的”工作介质是一个制冷过程，使用的是“热泵”，生产过程能把“泵取”的热能，转移到水或其它介质，实现“锅炉”的作用，输出等值的热能供人类使用，失去热量的空气变成液态。这个过程已经可以实现近乎90%的能效比；后续液态空气吸收自然界其它没有成本的热量所做的功，都是“额外”的收获，相对人们投入的一次能源来计算综合能效比会大于100%！

根据前面的计算结果，15Kg液态空气输出有效动力约9Kwh，制备时消耗电能：

15（Kg）×0.28（kwh/Kg）=4.2（Kwh）

生产液态空气的液化系统的冷却水还能输出相当于4.2千瓦时的热能用于再利用制备热水、蒸汽。实际能效比大约200%。通俗点说，消耗环境热实际产生的电能，可以大于生产介质的时候实际消耗的电能。虽然是比较乐观的分析数据，也总会比其它任何一种现有的用电、用油、

用压缩空气、用燃料电池的模式经济、环保。

4. 储能再利用率提高

人类目前对于电网在用电低谷的“垃圾电”采用的所有方式都只是简单的“储能再释放”，存储和释放的能效比不可能大于100%，有些甚至效率极低。而采用液态空气作为储能介质，储能（制备液态空气）的过程会集中产生热量，可以利用；吸收环境空气热能、环境水资源热能、工业各种废热后沸腾气化膨胀，释放能量发电的时候，发出的电能则几乎是从自然界回收“新增”的能量，从消耗石化燃料的角度考虑能效比则有可能远远大于100%，同时还具有全过程环境零污染的特点，具有储能效率高、介质可以移动、规模大小灵活、制冷、制热、发电同时供应、安全性高、成本低等优点，几乎“十全十美”，是储能系统的终极、最佳解决方案！

5. 热能再生利用

利用热泵技术，高效率将低品位能量搬运到高品位温段，实现低温到高温的“热转移”，进而做功。热泵技术已经成熟使用近百年了，但是一直没有引起人类的真正重视，现在我们应该发起一场用能理念的革命，需要能源不要只考虑消耗能源物质转化，可以优先采用热泵设备从自然环境中搬运、借用获得，消耗的“搬运费”能耗只有几分之一甚至几十分之一，然后当数量、质量不足的部分再通过消耗能源物质补充，就能大大降低直接能源消耗，在各行各业实现高耗能环节的大比例节能！

这项技术已经突破所谓温升的“瓶颈”，即使全部采用市场成熟的压缩机、冷媒，保持较高能效比的情况下，输出温度已经达到150℃或更高，跨越了液态水变蒸汽100℃的门槛，完全能满足一般工业领域的各种基本热量消耗需求，前景广阔！也会帮助动力机械进一步实现能源、热量的完全利用和高效“放大”利用！

六、动力机械产业变革展望

采用液态空气做工作介质，是结合空气动力学等多学科成果产生的新动力，还是膨胀机老原理实现机械动力输出，现有的各种汽车、飞机、火箭的动力原理、动力系统几乎不变或者只需要简化，和以前的所有通过追求“高温膨胀”做功的机械相比，由于工作温度大大降低，甚至维持在常温下工作，材料耐高温要求、抗热疲劳、散热系统复杂性等要求大幅降低，当然会引起汽车发动机、飞机发动机、轮船发动机、火箭发动机等机械动力装置从材料、加工、使用维护等各个方面革命性的变化，比如用塑料等有机材料做发动机。而且一旦绕开材料、工艺、加工能力的掣肘，就能使得我们和发达国家的某些重大科技差距化为乌有，实现我国动力机械的跨越式发展！

同时，制作工艺、制造装备、制作技术都没有大的改变，甚至标准要求下降，原有产能、原有体系均可以马上转变适应，大量的现有动力机械也可以改造利用，现有的机器、设备、厂房、装备都无需改变，在实现节能减排、低碳经济的角度看，也是对人类资源的节约利用，同时也有利于节能动力机械迅速普及开来，实现大幅度节能减排的目标！

使用液态空气这个新介质以后，坦克、飞机、导弹、舰艇的发热量大大减少，原来靠热成像工作的红外寻的导弹、各种红外瞄准成像系统、现有的战略导弹防御系统都会大受影响甚至完全失效，必然会推动军事装备在设计、制作、功能调整、后勤保障资源等方面发生调整、变革。

本文认为，采用创新理念的新型动力机械比较电池动力、油电混合动力机械具有明显的环保优势、成本优势、效率优势、产业延续发展优势；它使用的能源来自于环境空气、土壤、河流、生产生活排放的废热，具有取之不尽、能量密度大、供应稳定、随处可用、环境友好、成本低廉等多项优势，一定会得到全社会的重视，在不久的将来得到广泛的推广应用，给动力机械产业带来新生和永生！

第二节　应用理念创新带来节能新突破

节能减排领域一直被一个问题困扰，就是没有大比例节能技术，现有的节能技术不能用于生产的主要环节和高耗能应用场合，节能减排工作通常是投入大、回报小，在企业、社会上“叫好不叫座”，最多也是节能但不节钱。现在，我们建议转变人们千百年形成的惯性思维，发动一次能源应用理念的变革，进一步开发、利用成熟的热泵技术，实现30%~90%以上的节能率，将热泵技术广泛应用在各行业生产过程的高耗能环节。大比例节能技术用于高耗能生产环节，才能产生明显的经济效益和社会效益！也将带来节能减排领域的一次新突破！

一、技术原理和最新进展

人类千百年来养成一个惯性思维：需要热量，就习惯用传统的煤、气、油、电等能源转换成热能来利用。现在我们提出一个新的概念：需要热能时，首先看看周围的介质中，有哪些现成的资源可以再利用，尽可能通过一种高效率的能量搬运装置－热泵，实现对自然界已有热能的回收、再利用，减少新增能源消耗，既循环利用、又节能减排，当然有助于解决能源危机、有助于解决地球变暖，大大减少温室气体排放，改善环境污染情况。

人们熟知的能量守恒定律，让我们许多人忽略了“热泵”技术的热能搬运“杠杆”作用。即消耗一份能量，带动其它介质中已有热量的再利用，目标得到同样热能，但新消耗的高品位能源、石化燃料大大减少，实现节能减排。

热泵技术有很多种，空调、制冷系统内部核心机械系统采用的是一种压缩式热泵系统，就是利用机械压缩机强制实现某种媒介物质的物理状态“气 -- 液”转换实现的“热泵”效果，可以高效率“搬运”热量，如空调压缩机，可以高效率将室内外的热量来回搬运，夏天，把房间的热量搬到室外；冬天把室外的热量搬到室内。其实这个原理也可以用于类似的食品加工、烘干、速冻环节，只要将工作区域之外的能量搬运到工作区域，使之处于高温，工作区域之外因热量减少、温度降低，整体没有大量产生新增热量，一定区域之内是能量冷热近乎中和平衡，对大环境基本上不排出热量，显然属于节能、减排。

空调这个设备，人们已经使用超过半个多世纪了！买空调的时候，当然要选择“能效比”高的产品，空调用一份电能消耗，可以把 3~4 倍以上的热能从室内搬到室外或从室外搬到室内。各种热泵搬运能量方法比能量转换方法，同等能源消耗，目标获得热量的效率高很多，最高可以达到几十倍，也就是得到同样热量的“搬运”设备新消耗能量，理论上是原来消耗能源物质的几十分之一，明显节能！

这些年逐步推广开的水源热泵、地源热泵，也都是该原理的典型应用。遗憾的是，虽然能效比高，节能效果明显，但这些应用场合的设计温度太低，以输出温热水为主，主要用于空调、制冷、采暖、生活洗浴等，没有更高的工业利用价值，推广应用有局限性，同样难以产生更好的节能减排社会效益。

这主要由于人们一开始习惯于用热泵制冷，很少涉及高温，好像高温段有个不可逾越的“门槛”，再一次被人类自己的思维限制了自己的发展！现在理论、实践都已经证明，使用目前工业领域成熟的设备、冷媒，完全可以在保持较高效率的情况下，实现 150 摄氏度以上高温输出，使得这个大比例节能技术完全可以、马上应用到众多的高耗能领域，实现能量（热量）的回收循环、高效再利用！

热泵输出超过 100℃，使得热泵的应用价值得到倍增。首先可以介入大多数工业领域的高耗能环节，更重要的是可以实现能源消耗关键环节的大比例节能。例如蒸汽锅炉，以前如果热泵技术只能在水加热 70℃

以下起作用，那么水变成蒸汽的汽化热和水升温到70℃的能耗相比，热泵涉及的工作范围太小，能节约的热能最大只能占到全热的3% ~ 8%，从系统复杂性、成本增加量等综合考虑，几乎没有实用价值！热泵介入“水 -- 汽”沸腾高耗能环节，而且保持较高能效比，才是热泵技术应用得以突破的基础！

二、热泵节能产品应用

目前，在加热的过程中，通常都是消耗燃料燃烧、电能转化新产生热量，不是借用、利用其它系统的热能。而且能量转化利用的效率，最多也就是100%，有些如采用燃煤、燃气的情况，如常见天然气厨具，能源热利用效率也就不到50%。

在多年的工作实践中，常常遇到一些需要大量制热、且温度不是特别高的场合，比如食品加工、物品烘干、衣物熨烫烘干、高温消毒、海水淡化、污水处理等。这些生产加工的车间和周边环境通常温度很高，改善环境的办法通常是通风、制冷。通风，则将所有产生的能量带到空气中直接浪费掉；如果用空调制冷，则空调系统本身消耗能量的同时，又必然会向大气排放热量。这些能量没有回收利用，造成热排放，也属于造成地球变暖的因素之一。

例如，餐饮的厨房里面，大量的发热锅灶，产生的热量只有通风排出和散布到厨房空气中，使得厨房整体能耗很大、对环境排热量也很大，厨房内的工作温度也很高！如果采用“热泵”原理制作的蒸、煮、熬、炖、保温、制冷的灶具，可以高效率的从厨房空气、回收余热的热水中吸收热量供“热泵”灶具利用，灶具最后排出的热量又和周围变冷的空气中和，使之温度基本平衡，显然实现了节能、减排的目的。通过理论计算可以知道，这种应用情况下，能量消耗可以下降到原来的三分之一以下，对环境热排放则减少到四分之一或更低，同时实现人类几百年来梦寐以求的“冷厨房”概念，是全世界厨具行业的一次变革！

再例如，锅炉行业是工业领域现有技术的蒸汽锅炉通过电、油、天然气的燃烧能转换为热能。最多等值于燃烧放出的能量或电能提供的能量。能效比基本在 85% 以上，低于 100%；即便将燃料燃烧产生的水汽冷凝，回收其中的汽化热以后，烟气排放温度降低到 40℃～50℃，系统效率也只有 105%。用热泵技术作为唯一热量来源设计的锅炉，热泵从其它介质中“搬运来”热能加热锅炉里的水，利用其它介质中的“免费”能量，特别是自然界已经存在于空气、土壤、水系的热量，以及人类生产生活中产生的排风、污水、废水里的热量，还可以是免费获得的温度较低的太阳能热水中的热能等，在输出温水、开水、蒸汽的时候，能效比理论值可以分别达到 600%、300%、200% 以上，远大于其它锅炉，实现大比例节能！作为一个常用设备大范围推广应用，可以获得较大的节能、减排、增效的社会效果。

三、热泵热能回收应用

仅以信息产业为例，2011 年我国数据中心总耗电量达到 700 亿千瓦时，占全社会用电量的 1.5%，相当于 2011 年天津市全年用电量。截止目前我国各类数据中心、云计算中心总量约 40 多万个，可容纳服务器约 800 万台。其中经营性数据中心（大型）机房上千个，未来 5 年，我国对数据中心流量处理能力的需求将增长 7-10 倍，机房面积再翻一番才能满足需求。

这些数据中心规模稍稍大一点的，耗电都在上万千瓦，大型的数据中心一个就相当于一个火电站的耗电量。遗憾的就是，所有全世界的数据中心，都只考虑如何用“便宜”的方法，把计算机系统消耗电能产生的热从机房里“扔”出去，所以都想建在山顶上、电厂边、海边等利于自然散热、低成本散热的地方，没有人考虑把大量的热回收再利用的问题！

“大象小的时候用一个小木桩拴住，它慢慢长大成一头巨象，主人还是可以用一个小木桩拴住它！”数据中心的能源利用现状，也是几十年前第一个数据中心出现的时候，技术条件限制，“拴住”了我们的思想，让人们形成了同样的惯性思维，是时候必须打破了！

一个 1 万千瓦的数据中心，热量回收用于采暖，可以供 12 万平米住宅，所用的技术是成熟使用 20 年的“水源热泵”技术，仅仅需要思路打开，把原来通往冷却塔的热水，改通往水源热泵机组而已。这层“窗户纸”一旦捅破，全社会仅大型数据中心约合 5000 万千瓦，它的热能可以满足 6 亿平方米住宅供暖，每年仅供暖节约标准煤可以达到 1800 万吨以上！相当于数十个大中型煤矿的产能！类似的变革还会在很多行业里面发生！

推广开来，将热泵技术在能源综合利用的场合充分利用，实现将空气中的、污水里的、土壤里的、回收其它热源里的热量搬到生产、生活设备中循环利用，实现企业里面冷热作业面的热能调度，系统新增消耗的能量是原有能耗的几分之一，同样会大大提高能源的利用效率，减少对环境的综合热量排放！

国外已经利用海水的热能来淡化海水，消耗的电能是常规方法能耗的近十分之一，生产过程还可以输出生活用热水，为海岛和长期海上航行的轮船提供了很大的便利。

当热泵技术在能源挖掘、能源再生利用领域充分开发应用，结合不断发展的低温发电技术、低温动力技术，就能从变暖的地球空气中、水中、地热中、太阳能中获取取之不尽用之不竭的能量了，改变目前的能源日趋紧张的状况，让能量守恒定律保证人类有了用不完的能源和动力！地球也没有日益变暖的危险了。

四、设想不远的将来

轮船利用海水所含的热能作为动力，海水从船首吸入，从船尾排出，海水所含的热能，部分被热泵型发动机抽取，经过品质提高，用来给轮船提供蒸汽动力、提供淡水、提供生产生活用制冷、制热源，消耗的直接能源物质很少，几乎不消耗燃料！

火力发电厂、核电厂也利用热泵技术，将所有原来浪费的热能高效反复回收利用，经过汽轮机多次转换，几乎实现 100% 的热电转换效率，发电成本大大降低、对环境热排放几乎为零，用于冷却散热的水资源需求也近乎于零！

节能减排产业远没有到“江郎才尽”的阶段，呼吁大家不要老盯着那些 LED、太阳能光伏、风能等投入产出比小、应用规模小、对高耗能工业环节几乎没有帮助的节能减排技术不放了！本文提出的能源应用理念的变革如果能得到重视和推广应用，钢铁厂、食品厂、奶粉厂、水泥厂、洗衣房、制药厂、污水处理厂、化工厂、轮胎厂、造纸厂等等，几乎每一个高耗能生产企业都有条件实现高效率、大幅度的热能回收利用！早已成熟的热泵热回收应用技术如能尽早推广实施，地球温室效应将会迅速改善，社会大幅减少石化燃料消耗，人类能源危机的情况一定会得到彻底改善！

第三节　一种新的蒸汽动力循环

本文提出一种新的蒸汽动力循环方式，以期利用蒸汽工质的流体力学特性，实现动力循环全过程热效率的提高。

一、朗肯循环

朗肯循环（英语：Rankine Cycle）也被称为兰金循环，是一种将热能转化为功的热力学循环。朗肯循环从外界吸收热量，将其闭环的工质（通常使用水）加热，实现热能转化做功。朗肯循环理论虽然诞生于19世纪中期，但即便到了今天，朗肯循环仍产生世界上90%的电力，包括几乎所有的太阳能热能、生物质能、煤炭与核能的电站。朗肯循环是支持蒸汽机的基本热力学原理。

因为朗肯循环诞生的年代也有必然的历史局限性，那个时代研究热力学的机械条件、流体力学理论和现在差距很大，难免存在一些缺陷和不足。

1. 热量浪费巨大

朗肯循环实现工质水的闭环循环，大大减少水资源的消耗，但是为了实现闭环，必须将水蒸气冷凝为水，然后再把几乎不能被压缩的液态工质加压，才能使之进入下一个压力循环。热量只能参与一次做功循环，不能转换为功的热量必须被抛弃，因此，应用朗肯循环的工业系统热效率难以提高！

实现蒸汽直接利用的常用方法是机械再压缩，由于工作过程中需要消耗机械能，通过直观的能量守恒定律分析费效比较低，实际应用中均没有采用这种技术来实现蒸汽再循环。对于不可压缩流体的压缩过程效率很高，所以整个循环中水泵的作用至关重要，而能耗往往可以忽略不计。

在当时的历史条件、技术条件下，不考虑、也没有能力考虑热回收，凝汽环节产生的大量热量必须以低温形态散失。另外，水的凝结热几乎是常见工质中最大的，工作温段也偏高，但是综合考虑当时的条件，从成本、安全性、环保等综合因素考虑，直到现在，也似乎只有水是最理想的工质！

2. 理论应用现状

目前传统朗肯循环理论应用中多用回热、再热等改进循环方式提高效率，还采用增加蒸汽温度、压力的临界、超临界工作模式来提高效率。这些方法根本的思路都是尽可能提高有效功在全部消耗热能中的比例。

另外还有采用有机工质（非水蒸气）来实现朗肯循环，即有机朗肯循环，它改变了温度较低情况下的循环效率，还是存在凝结热浪费的问题，同时带来大量使用的有机工质一旦泄漏后带来环境灾难的问题。

还有一种方法主要的出发点则是设法采用消耗少量热能、机械能的方式，直接、间接对排放的低温废热进行再利用，用于工业热水制备、生活采暖等环节，实现余热利用来提高有效功和热在全部消耗热能中的比例。

上述几种方法在系统成本、安全性、费效比、可行性等方面都受到诸多限制，很难实现热能利用效率的大幅度提高，特别是难以实现热电转换效率的大幅度提高！

二、流体力学相关原理

流体力学里面有些基本原理，实际应用时具有一定的“特殊”功能，在流体流动过程中，作为流体的物质属性本身，也会附带实现热传导交换、物质传输、物质压缩等效果。其特点，就是几乎都是在不需要机械装置运动的情况下，仅仅在空间变化、热能传递、流动过程就能实现。

1. 射流真空泵

基于流体力学文丘里管原理的射流真空泵是一种具有抽真空、冷凝、排水等三种效能的常用机械装置。射流真空泵是利用一定压力的水流通过对称均布成一定形状和倾斜度的喷咀喷出。由于喷射水流速度很高，于是周围形成负压使器室内产生真空，将外界气（液）体抽吸进来，共同进入混合管，混合管内的水（气）流互相摩擦，混合与挤压，通过扩压管被排除，使器室内形成更高的真空。结构如下图：

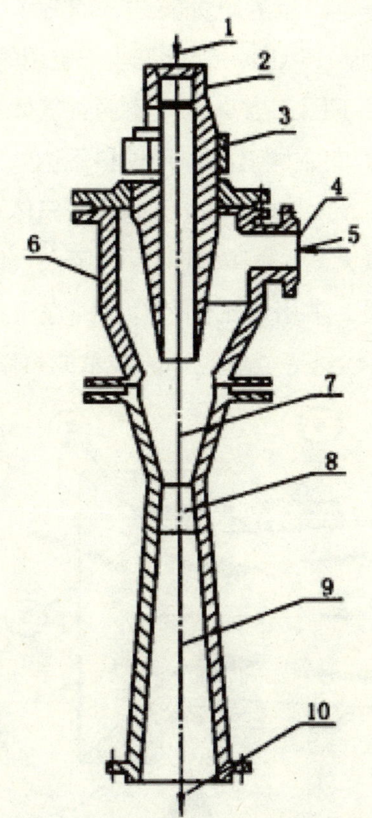

说明：1、高压水进口；2、喷嘴；3、螺母；4、喷嘴板；5、气体进口；6、泵体；7、混合室；8、喉部；9、扩压管；10、混合气液出口；

如果使用的射流是水，吸入的是低温、低压水蒸气，则蒸汽与喷射水流直接接触，进行热交换，绝大部分的蒸汽必将冷凝成水与原水流混合，体积大大缩小；小量未被凝的蒸汽与不疑结的气体亦与高速喷射水流一起从喷口喷出，流体具有动压。查阅部分射流泵参数（如石油行业普遍使用的产品），射流抽取的目标介质可以达到自身质量的 80% 以上，压力损失约 10% 左右。

2. 气体放大器

进入 20 世纪 70 年代以后，世界各国都在进一步研究有关射流引流、射流真空理论，通过对一些细节的研究，如喷口形状、喷射方式、脉动规律、压力损失等等因素的研究实践，取得了一定的成果。比如和人类生活密切相关的无叶片风扇，以及工业化应用的气体放大器。

气体放大器原理如下图：当高压气体通过气体放大器 0.05 ~ 0.1 毫米的环形窄缝（3）后，向左侧喷出，通过科恩达效应原理及气体放大器特殊的几何形状，右侧最大 10 ~ 100 倍的低压气体可被吸入，并与原始高压气体一起从气体放大器左侧吹出。近两年来气体放大器（空气放大器）应用领域迅速扩展，常用大比例节约压缩空气，并且利用压缩空气实现吹尘、吸尘、物料运送等工业应用。技术成熟稳定。

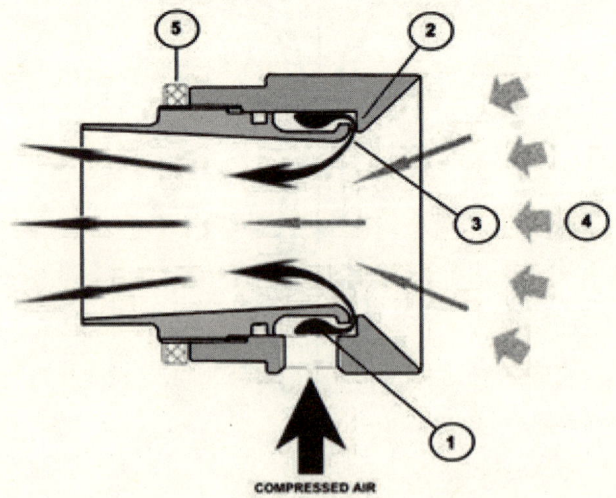

结构说明：（1）环形腔；（2）可调环形槽；（3）发生科恩达效应的剖面；（4）待吸入气体；（5）固定环（可调气体放大器有）。

如果被吸入的气体是低温、低压蒸汽，驱动气流是高温、高压过热蒸汽，在高温蒸汽从环形喷口喷出时，会膨胀、降温、降压，同时与低

温、低压蒸汽混合，达到热量、动量平衡，最终气流是中温、中压混合蒸汽，从左侧排出。

3. 压力温度关系

在蒸汽流动速度不大的时候，以下定律都适用：

波义耳定律：温度恒定时，一定量气体的压力和它的体积的乘积为恒量。数学表达式为：pV= 恒量（n、T 恒定）或 p1V1=p2V2（n1=n2、T1=T2）。

查理－盖吕萨克气体定律：压力恒定时，一定量气体的体积（V）与其温度（T）成正比。

根据上述两条定律，分析朗肯循环中没有提及蒸汽传输过程中的气体气动、热力学问题，仅仅把蒸汽按照理想状态去研究，存在一定的局限性。

可压缩流体流速加快，压力降低，必然引起体积膨胀，从而使密度减小；反之，在流速减慢、压力升高的同时，流体受压缩，体积缩小，因此，密度必然增大。气体体积的膨胀，还会使温度降低。当打开自行车气门芯放气，高压气体从气门芯喷出来时，气门芯的温度显著下降，甚至使表面结霜。这并不是自行车胎里面装着很“冷”的气体的缘故，而是高压空气从喷口喷出时体积膨胀引起降温导致气体中所含有的水蒸气冷凝所致。同样，当空气受压缩时，温度会升高。譬如，用打气筒打气，气筒壁会发烫。这并非皮碗与筒壁摩擦的结果，而主要是筒内空气被压缩，导致温度升高。

一个对高低温、高低压变化非常敏感的蒸汽动力循环系统，应该充分考虑体积、空间、流速、压力、温度等混合因素，充分利用这些因素之间的关系，实现高效率的热动力循环。

三、新的蒸汽动力循环

通过对朗肯循环特点分析，需要提出一种新的循环，首先利用非机械动力的方式实现对完成做功后的乏蒸汽进行再利用压缩，其次充分利用气体体积、温度、压力甚至气体流速的关系，设法直接回收再利用冷凝热，未能通过汽轮机一次转化为功的热量有机会参与下一次做功循环，经过多次转化做功，系统理论效率趋向于100%，在理论上实现蒸汽动力循环整体热效率的大幅度提高。

1. 一种新的循环

新的循环采用气体放大器实现对乏汽的加压、升温、引流；通过对凝汽器内外部乏汽分流、管路空间截面积重新设计，使得蒸汽乏汽传输过程中产生温差、压差，让低温、低压蒸汽吸收较高温度、较高压力蒸汽的热量，使得较高温蒸汽冷凝，较低温蒸汽吸热、升压并直接进入蒸汽再循环，冷凝水则通过高压锅炉再生为高压过热蒸汽，携带新补充的热能进入下一个蒸汽工作循环。

具体系统结构图如下：

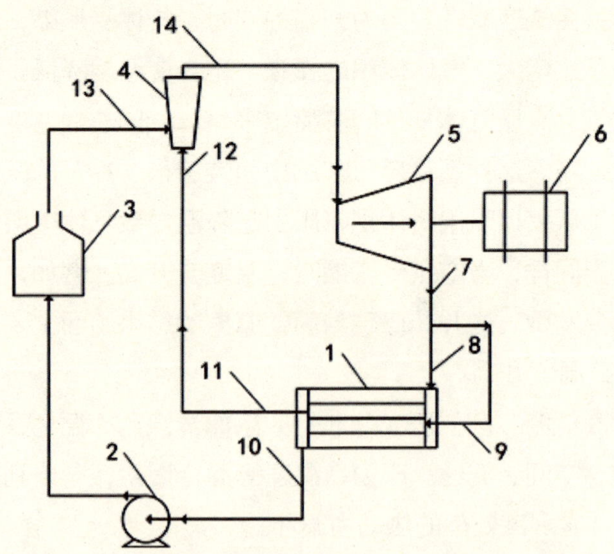

结构说明：1、凝汽器；2、高压水泵；3、高压锅炉；4、气体放大器；5、汽轮机；6、发电机；7、乏汽总管路；8、待凝结乏汽入口；9、待降压乏汽入口；10、冷凝水管路；11、吸热升温乏汽出口；12、待吸入蒸汽入口；13、驱动高压高温蒸汽入口；14、再生混合工作蒸汽出口。

2. 新循环的特点：

首先，和朗肯循环相比，系统设计上就没有大量对系统外介质散热的环节，整体热效率会大幅度提高；

其次，朗肯循环实际应用中，近年来都是主要依靠提高系统的压力来提高热电转换效率，从水泵开始全部工作过程都处于超临界压力之下，系统的制造技术难度增加、成本增加、安全风险增加。该新循环方式虽然锅炉的压力也是需要大幅度提高，但是锅炉的蒸汽发生量大幅度下降，高压蒸汽涉及的范围减少，高压蒸汽涉及的过程几乎没有机械运动、需要较多维护的机械部件，关于技术难度加大、成本大幅增高、系统安全性下降的问题得以解决；

从过程上看出，该循环可以适用于各种汽轮机机组压力，单次循环热－功转换效率变化，不影响系统整体效率，对安全生产有利；也可以用于现有中低压蒸汽发电系统的技术改造。

3. 新循环命名

新的循环是在朗肯循环 Rankine Cycle 基础上改进，采用了气体放大器（Amplifier）作为核心部件，建议采用安朗循环（Amp-Rankine Cycle）。

四、能量守恒法分析

安朗循环的动力、热力学分析相对复杂，我们完全可以首先应用用热力学第一定律（能量守恒定律）对它进行初步分析。

目前应用朗肯循环的热电厂能效图如下：

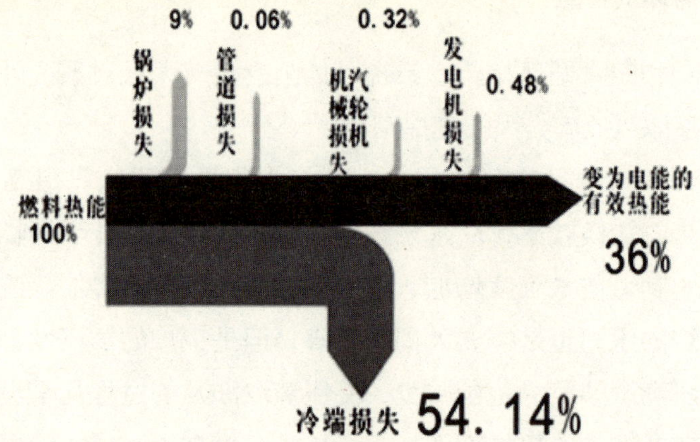

行业已知的数据表明锅炉、水泵、汽轮机、发电机整体效率损失合计约 10%；冷端损失，即凝汽器冷却水带走的热量要占到 50% 以上，新的循环改进了凝汽器，采用了气体放大器，下面逐个简单分析这两个部件的能量变化、流动情况。

1. 凝气器分析

该循环所用凝汽器结构与传统凝汽器相似，所不同的是吸热管路内部空间和凝汽空间的比例，前者应为后者空间、流管截面的数倍以上。假设乏汽通过两条相同截面积的管路分别接入这两个大小不同的空间，根据波义耳定律，蒸汽的压力就会发生差异，进入吸热管路的蒸汽膨胀比例较大，温度下降较多，加之受到空气放大器产生的抽真空作用，压力、温度进一步下降，因此温度相对较低；进入凝气空间的蒸汽膨胀比例较小，温度下降较少，相对较高，吸热管路内外蒸汽存在温差，进行热交换；凝气空间的蒸汽放热冷凝，吸热管路内部蒸汽吸热升温，压力回升。

全过程没有对第三方做功，属于绝热过程，能量损失少。

2. 气体放大器分析

接入空气放大器的压力远超百倍于乏汽的高温、高压、过热蒸汽从环形喷口高速喷出，膨胀、扩散，同时基于流体的粘滞作用、气体分子的混

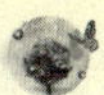

合、碰撞作用，依据科恩达效应，带动大量乏汽一起运动，两种蒸汽的动量、热量混合、交换，达到平衡。最后形成中温、中压混合汽流。

全过程也没有对第三方做功，属于绝热过程，能量损失少。

五、进一步应用改进

针对不同应用条件变化，安朗循环可以进行适应性调整，进一步满足工程应用的具体要求。

1. 乏汽直接利用

该应用改进增加一个乏汽歧路、乏汽直供阀，实现对凝结乏汽的调整，必要时可以通过气体放大器直接再利用部分尚未膨胀、降温的乏汽。具体系统图如下：

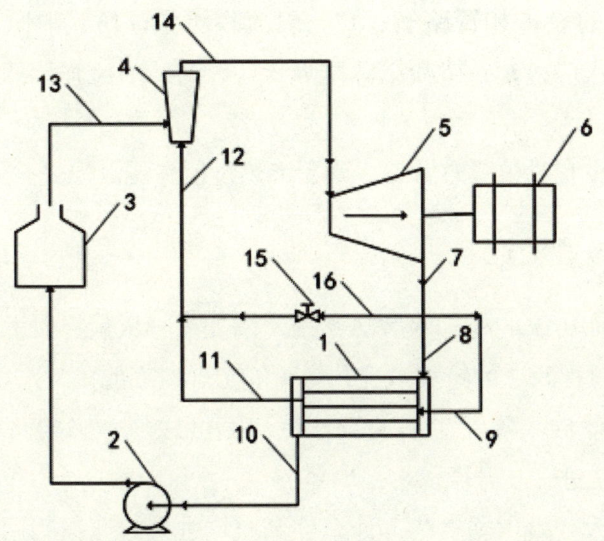

新增加的设备和管路有：15、乏汽直供阀；16、乏汽歧管。

该过程没有对第三方做功，属于绝热过程，能量损失少。

2. 射流泵辅助凝汽

该应用改进通过使用射流凝汽泵，可以直接吸收再利用部分乏汽，由于射流压力较高，吸入的乏汽在混入高压冷凝水流后凝结，放出热量，使得冷凝水升温预热，同时也具有抽真空的作用。具体系统图如下：

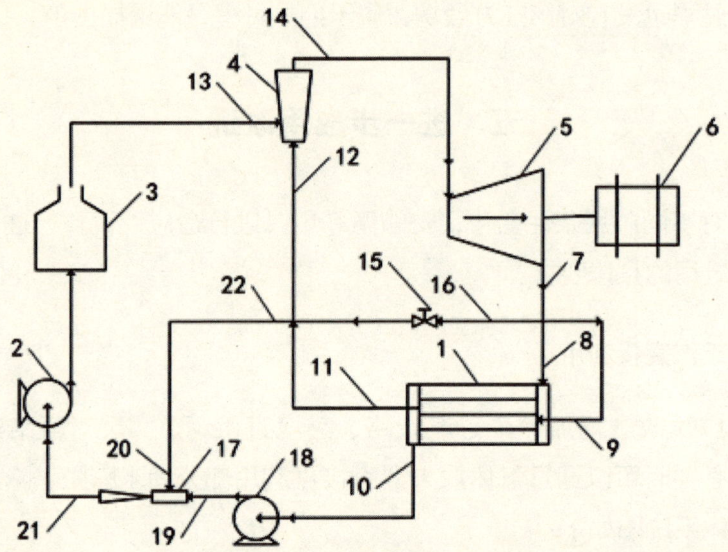

新增加的设备和管路有：17、射流凝汽泵；18、中压冷凝水泵；19、射流输入口；20、待凝结蒸汽吸入口；21、射流输出口；22、凝汽器乏汽歧路。

该过程没有对第三方做功，属于绝热过程，能量损失少。

3. 其它改进方向

可以增加传统的冷却水散热系统，增加冷凝水量，以适应现有热电厂蒸汽循环过程改造的特殊情况，尽可能实现较高的投入产出效益。

经过气体放大器再生后的工作蒸汽温度较低，必要时可以利用再热、过热系统进一步升温。

还可以改变凝汽器汽路，让全部蒸汽均进入凝汽空间后，再进入吸热管路，可以调整凝气量和再生乏汽温度。系统如下图：

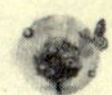

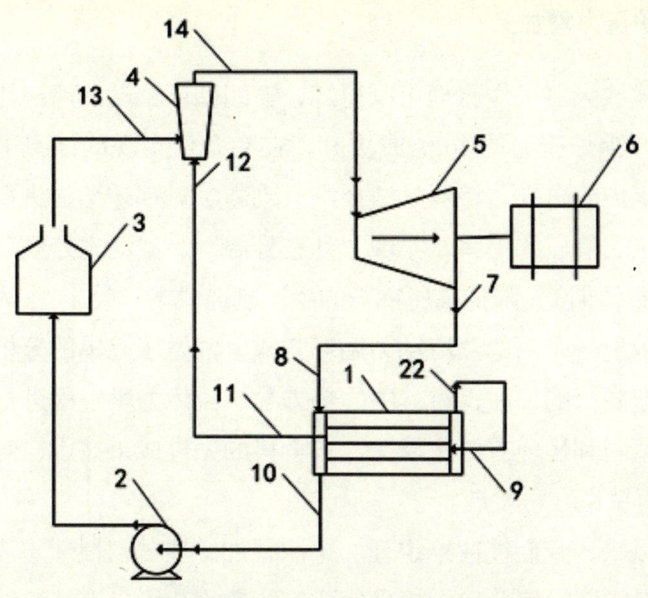

六、需进一步研究的关键问题

本文只是提出一个新的循环过程，并基于热力学第一定律进行了定性分析，如果该循环得到学术界初步认可，那么后续还有许多问题留待学术界讨论、研究，主要可能有以下几点：

1. 凝气与再生蒸汽比例

安朗循环采用部分凝气通过高压锅炉蒸发产生高温、高压过热蒸汽来驱动低温低压蒸汽，以蒸汽循环一个周期热电效率 30% 估算，需要补充约 40% 的热能。如果不采用蒸汽再热、过热系统，所有这些热能大部分由再蒸发的冷凝水承载。

如果假设气体放大器可以再生利用 90% 的蒸汽，必须冷凝的蒸汽量将约占 10%。这 10% 的水，又会释放大量的热量，如果不用冷却水散热，则应该由剩余的 90% 余热蒸汽带回再循环中。因此需要进一步研究如何合理设计蒸汽流动过程的空间、截面积比例，控制好各个环节的压力、流量。

2. 锅炉压力增加量

从气体放大器工作原理可以得知，安朗循环驱动蒸汽压力应该是朗肯循环相应锅炉压力的 10 倍或更高，在有条件实现的情况下，越高越好！高压锅炉的研究，特别是结合空气动力学对锅炉结构进行改进，充分考虑动压、静压的关系，实现“动态升温”、“动态升压”，控制好高压锅炉技术难度，降低高压锅炉的生产制造成本。

本文提出一个新的蒸汽动力循环方式，并做了简单的分析和论证，希望能引起同行的关注，对其中的热力学、流体力学过程进行进一步研究分析，共同利用现有的跨行业、多学科的先进成果技术，对传统基础理论进行再认识、再发展。

长期以来，我们往往给定理、定律强加一些“习惯”、“必然”，比如，能量守恒定律让我们想当然认为能量的获得只有消耗能源才能获得，忽略了能量还可以用“热泵”技术实现高效率“借用”获得；卡诺循环关于热机做功效率的理论上限就想当然成了热能利用全系统的上限；蒸汽机、内燃机都是高温下工作，想当然认为只有人类感觉高温的热量能做功、低温热能不能做功，忽略了热和功的单位都是焦耳，没有温度标记，类似的情况比比皆是。我们应该打破自己内心的条条框框，还定理、定律的本来面目，进行新的理论的应用创新！

第四节　从对卡诺循环再认识谈应用创新

一、卡诺循环是什么

卡诺循环是 1824 年 N.L.S. 卡诺在对热机的最大可能效率问题作理论研究时提出的。卡诺进一步证明了下述卡诺定理：①在相同的高温热源和相同的低温热源之间工作的一切可逆热机的效率都相等，与工作物质无关，其中 T1、T2 分别是高温和低温热源的绝对温度。②在相同的高温热源和相同的低温热源之间工作的一切不可逆热机的效率不可能大于可逆卡诺热机的效率。可逆和不可逆热机分别经历可逆和不可逆的循环过程。

卡诺定理阐明了热机效率的限制，指出了提高热机效率的方向（提高 T1、降低 T2、减少散热、漏气、摩擦等不可逆损耗，使循环尽量接近卡诺循环），成为热机研究的理论依据、热机效率的限制、实际热力学过程的不可逆性及其间联系的研究，导致热力学第二定律的建立。

二、对卡诺循环的再认识

卡诺定理阐明了热机效率的限制，指出了提高热机效率的方向，可以简要理解为提高高温温度、降低低温温度、减少其它机械摩擦和热损耗。

卡诺定理并没有限定低温必须高于多少？高温必须是什么范围？经过 100 多年的应用，人们已经太熟悉它了，几乎很少再去仔细推敲它的每一个字句，更多的人则是习惯于从前人那里吸收“成熟”的理论和实践经验，继续应用。

老师在给学生传授有关卡诺定理知识的时候，常常忘不了额外补充几句，比如："实际上、低温热源温度 T2 降低很难实现，人们大都考虑如何提高高温热源温度 T1，来提高效率"、"显然，高温热源温度 T1 越高，效率越高"、"卡诺循环决定了热机的最高理想效率，任何系统的效率都不可能超过这一结果"，等等。这几句话表面上看好像没有问题，但是再仔细推敲一下，就有些问题了。

1. 低温热源温度难以降低

在 19 世纪，甚至到 20 世纪初，确实，热机工作的低温热源通常是周围自然环境温度，降低环境的温度难度大、成本高，是不足取的办法。但是现在，已经今非昔比，很多条件、目标、要求都发生了很大的变化，到了该否定这个观点的时候了。

首先，制冷技术已经很成熟，用热泵技术移走热量实现制冷的效率已经很高，实现逆卡诺循环的实际效率可以达到理论值的 60% 以上。人们在维持低温热源 T2 温度的时候，还可以将热量转移到高温热源来进入再次循环，即便可能不经济，但是减少热排放、环保的作用可能变为主要目的。因此，如果必要，降低低温热源温度 T2，既可行，也相对高效，继续研究下去，甚至有办法达到既经济又高效的结果。

2. 温度越高效率越高

如果低温热源温度 T2 不能降低，那么确实高温热源 T1 温度越高，理论效率越高。但是也就意味着产生热源能源物质的品质需要越高。环境的温差加大以后材料性能、系统散热问题越来越突出，综合成本也大幅度提高，整体经济性不一定就高！

从下面的卡诺定理的效率公式 $\eta c=1-T2/T1$ 可以看出这个效率还有更有意思的情况，想达到同样的理论效率，如果 T2 越大，必须温差线性增大，T1 急剧升高。

T2=−200℃，T1=20℃，热机效率理论值约是 75%；T2=20℃，

T1=1300℃，热机效率理论值也是75%；分析实际效率，假设摩擦损失一样，从超低温到常温的热机工作过程，几乎不会有热损失，甚至还会边膨胀做功、边吸受环境热，因为所有接触的热机零部件都有可能比工质温度高，整体热损失少或许还有增加；而在常温到1300℃高温之间工作的热机，其工质温度远远高于环境，必然会产生热量损失。显然在自然环境下，低温段工作的热机实际效率一定高于在高温段工作的热机；按能量热量总量条件分析，这两个过程，前者温差只有220度、后者温差达1280度，前者的能量可以免费资源中获得，后者的能量必须用燃料消耗获取。前者少量热能参与工作就有可能获得高效率，后者必须满足较高、较集中的热能供应条件才能追求高效率。如果考虑热机工作过程的材料、工艺、能源成本，追求高温的热机显然综合指标会大大低于低温段的热机。

如果温差一样，两组热机工作在不同温段，工作介质比热变化不大，热机热量消耗一样，但根据卡诺定理，工作温段越靠近绝对零度，低温热源温度T2小的理论效率高！高温段、低温段工作的热机效率理论值差异明显，高温段工作的热机几乎没有任何优点。

因此，这句话现在应该改为，工作温段越低，热机越容易获得高效。

3. 过程热功转化效率等于系统热效率

其实卡诺循环本身没有这样说，后人们多这样理解和想当然。100多年前，维持低温热源恒温就依靠自然降温，还不到考虑效率的时候；维持高温热源恒温，就是燃料加热，也没有什么第二选择。

准确的说，卡诺定理是说明了一次热能循环过程中，热量转换为功的理论效率，未考虑没有转换为功的其余部分热。如果再利用的时候，不是做功，而是直接热的利用，那么系统的热效率实际是系统做功部分和不做功部分。做功部分有效率上限限制，而热量直接利用部分也许效率更高。热量传导过程几乎不耗能，系统可以理论上实现100%能量利用，也符合热力学第一定律。

或者换个思路，如果那部分没有转化为功利用的热，以某种方式

"零功耗"、"零散失"方式被带回高温热源，进入下一次热机做功循环，那么按照比例，又会有部分热量转换为功；多次循环，最原始那一部分热转化为功的效率应该是趋向于100%。所以，不应该把某个过程的热功效率，默认等同于系统针对某个热源、某部分热能的整体热利用效率。

4. 维持热源的方法

卡诺循环假设条件之一就是有一个高温热源和一个低温热源，它只研究热量从高温热源传递到低温热源之间时热机的效率，而并没有提及如何维持高温热源、维持低温热源、未转换为功的热量去向问题。早期人类没有能力高效率的实现热量、带有热量的工质从低温热源转移到高温热源，而现在有多种方法可以实现高效率热量转移，有的需要消耗功，有的仅需要热量就能实现热"搬运"，也到了研究较少热量散失、较少机械功付出，回收再利用"余热"，大幅度提高系统热功转换效率的时候了。

目前已经可以有多种手段和方法在不消耗机械能的情况下实现将低温热源热量"搬回"、"带回"高温热源，减少低温热源对环境的热散失。如吸收式制冷机就是用高温热能驱动，回收再利用低温热能，输出中温热量，几乎不消耗机械能；高压锅炉在几乎不消耗机械功的情况下，产生的高温高压蒸汽利用射流抽真空原理吸收低温低压蒸汽，混合形成中温中压蒸汽，将低温低压蒸汽所含的热量，不需要冷凝、散失，直接"带回"下一次做功循环等。这两种方式都能实现给高温热源补充热量，同时搬走了低温热源的热量维持了低温热源温度恒定。

三、一种改进的卡诺循环

通过对卡诺循环的局限性分析，我们重新提出一种新的热力学循环，它由一个卡诺循环和一个热泵组成，系统流程图如下：

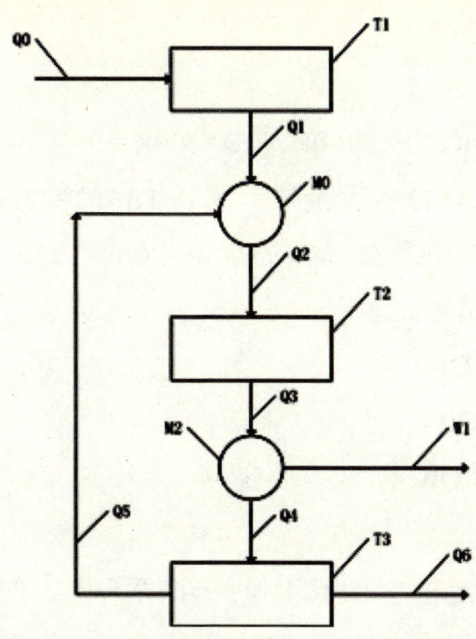

图中标注说明:

Q0、高温热量输入；Q1、高温全热；Q2、高低温混合热能；Q3、中温全热；Q4、中低温做功后余热；Q5、再利用低温热量；Q6、低温散热；

T1、高温热源；T2、中温热源；T3、低温热源；

W1、中低温输出有效功；

M0、高温驱动热泵；M2、中低温热机；

假设忽略摩擦、散热等热损耗，进行循环热力学说明：热量从 Q0 输入，用以维持高温热源T 1 ，T 1 输出Q 1 经过M 0 热泵吸收、混合低温热量 Q5 输出中温热量 Q2 传递给中温热源，用于维持中温热源；中温热源用于做功的中温全热 Q3 经 M2 热机做功后输出中低温有效功 W1，同时余热 Q4 传递给低温热源 T3；

系统从外界获取热量的来源是 Q0；

系统对外输出是有效功 W1；

系统对外散热是 Q6；

根据能量守恒进行推算：

Q0=Q1=W1+Q6

Q2=Q1+Q5

Q3=Q2=W1+Q4

Q4=Q5+Q6

假设，T1=900K，T2=400K，T3=300K：

根据卡诺定理，M2 的理论效率是 1−T3/T2=25%

根据逆卡诺循环原理，M0 的理论 COP=T2/（T2−T3）=4，则上述关系表达式推导结果如下：

Q2=Q1+Q5=4 Q0

W1=25% Q2=Q0

Q4=Q2−W1=3 Q0

Q6=Q4−Q5=0

该循环用一个大温差平台的“逆卡诺循环”、包含了一个“卡诺循环”。上述推导过程中，如果提高 T3，M0 热泵 COP 效率提高，最后的结果 Q6 将是负输出，其含义在于需要补充热量，也就是说需要另一个较高温度热源输出热量，给低温热源供热；如果降低 T3，或者其它原因造成 M0 热泵的 COP 降低，Q6 结果将非零，是正数，开始需要散热来维持低温热源恒温。

再分析，Q6=0 的时候系统理论上没有热排放，属于“第二类永动机”了！但是符合热力学第一定律。这个循环，系统外部看上去可以成为“单一热源输入”，也可以双向变化，内部第二热源、第三热源每一个都可以是相对外界需要输入或输出热量，当然有可能零输出。所有过程符合卡诺循环、逆卡诺循环、能量守恒定律。

在实际已有的应用中，T1 取决于直接、间接借助合适的工质影响 M0 这个环节的 COP 值。例如采用吸收式制冷机，温度越高，效率越高，越接近理论值；如果采用流体驱动的射流真空泵、气体放大器方式实现热泵，T1 越高，工质的温度越高、压力越大、抽真空混合能力越强。

上述推导过程还可以看出，T2、T3 越近，内部 M2 效率越低，系统越容易实现。这在工程上的意义可以降低热机的工作压力、安全风险、制造成本、热量散失等。当然，效率太低以后，难以抵消过程中系统的整体能量损耗，就没有实际意义了。

 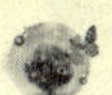

四、理论的应用创新

针对卡诺循环相应理论，我们在实际工作中还应该大胆的进行应用创新。前面已经经简单推导，得出了“工作温段越低，热机越容易获得高效”的结论。卡诺定理也还有一句：在相同的高温热源和相同的低温热源之间工作的一切可逆热机的效率都相等，与工作物质无关！这也就是说，我们用水、用低温空气、高温空气或其它工作介质（如氨、氟利昂等），均不影响理论上热机的效率，也就不存在影响输出动力大小的问题。

如果选择了液态空气这种 −196℃的蓝色液体作为工质，自然界常温的空气、河水、海水，都是相对“高温”的物质，都可能成为给它加热的“热源”、能量的提供者，成为能源物质了！只要将环境的热量传递给液态空气，它就能沸腾、膨胀、做功，不需要再消耗其它石化燃料或生物质燃料来获取热量了。

人们对自然规律的认识也不断深入，以前绝对零度不可接近，现在用深冷技术很容易就达到 1~2K，多数情况下差别已经不大了；以前几万度高温不易获得，现在用激光器、小型核聚变也容易实现；在太空里，绝对温度几十度随处可得，甚至更低，在那个环境下已经和原来人们认识的热机工作的环境大不相同了。即便是热量传导，以前蒸汽锅炉的效率只有 30~40%，现在普遍水平在 85% 以上，某些燃气锅炉所谓燃料燃烧热效率甚至超过 100%。

我们需要对以前的定理、定律进行再认识，还它们本来面目，让理论返璞归真，回到原点重新再来。既要坚持真理，又要摆脱传统习惯思维，与时俱进；要坚守，更要创新！

马戏团里表演的大象，都是从小就开始训练的。小象很调皮，故常把小象拴在木桩上。由于小象力量小，经过很多次试验，它都无法将木桩拖出来，时间久了，只要把小象拴在木桩上，它就知道自己无法挣脱，也就会很安分了。小象长成了大象，力大无穷，可以轻松拔起一棵大树，但却能很老实地被绳子拴在木桩上。因为从小的经验告诉它们，木桩的力量比自己大，是唯一可以拴住自己的东西。

《国际歌》有一句歌词唱得好："要冲破思想的牢笼"。而一旦冲破思想的牢笼，走出思维定势，甩掉那根"木桩"，我们的潜力将会得到极大释放，将会创造各种奇迹。

第五节　对热力学第二定律的再认识

转自百度百科：热力学第二定律是建立在对实验结果的观测和总结的基础上的定律。虽然在过去的一百多年间未发现与第二定律相悖的实验现象，但始终无法从理论上严谨地证明第二定律的正确性。自1993年以来，Denis J.Evans等学者在理论上对热力学第二定律产生了质疑，从统计热力学的角度发表了一些关于"熵的涨落"的理论，比如其中比较重要的FT理论。而后G.M.Wang等人于2002在Physical Review Letters上发表了题为《小系统短时间内有悖热力学第二定律的实验证明》。从实验观测的角度证明了在一定条件下热，孤立系统的自发熵减反应是有可能发生的。

本文也将针对热力学第二定律的内容，逐条进行再认识，结合现代科技发展的新进展，提出一些观点和看法。

一、热量传递的单方向性

原文是：热力学基本定律之一内容为不可能把热从低温物体传到高温物体而不产生其他影响。

对于一个微观系统，简单系统，确实热量只能从温度高的物体传到高温物体。但是对一个系统，比如空调这样的热泵，明显的实现了将低温物质中的热能搬运到了高温物质中，只是"不产生其它影响"如何界定？事实上，空调实现热的"逆"转移，也没有发现有什么"其它影响"。

如果说做功不允许，那么吸收式制冷机，消耗热能来驱动系统工作，产生的结果是，高温的热量把低温物质的热量搬运到了中温的物质中，其它的结果就是高温的热量也到了中温物质中。

这句定义显然已经不全面，或者不通俗了，应用有难度，不应普遍应用！

二、热不可能全部转换为功

原文是：不可能从单一热源取热使之完全转换为有用的功而不产生其他影响。

确实很难想象一个简单过程如何将分子、原子无序的运动“热”，转化为有序的同方向运动“功”，但我们一个复杂系统热机，则可以将两个高低温热源之间的高温物质向低温热源热量转移的一部分转变为功，另一部分传递到低温热源，要么导致低温热源升温，要么低温热源必须散热维持恒温。

如果我们利用“热泵”，将低温热源要散掉的热量，搬回高温热源，搬运消耗的功或热也作为补充热量一并赋予高温热源，开始又一次循环，那么经过几次循环，原来那一份热量，几乎全部将转换为功。

如果效率足够，每次将低温热源要散失的热“全部”搬运到高温热源，每次付出的“搬运费”刚好是每一个循环中转换为功输出，减少了的那部分热。周而复始，这个系统相对外界就变成一个“单纯从热源获取热量、全部转换为功输出”的系统了！看不出还有什么“其他影响”。

根据卡诺循环和相应的逆卡诺循环，理论上，卡诺循环热转换为功的部分，刚好等于逆卡诺循环搬运热需要付出的功，这完全符合能量守恒定律。只要有理论值，所要研究的只能是能否全部转换为功的问题，而不能是能不能转换的问题！

事实上，热泵还可以不需要消耗功，只要消耗热就可以实现热搬运，而且符合逆卡诺循环和能量守恒定律，这样，我们在从热源补充热的时候，多补充一些热量，用于抵消摩擦等不可逆散失的热量，不

仅仅理论上可行，工程上也具有价值了。

这句话应该修改为，从微观上，热转换为功，必须在高温热源到低温热源之间热转移的过程中实现，且不能一次全部转换为功。

这样的修改也解决了热力学第二定律违背热力学第一定律的问题。

三、熵增定律

原文是：在自然过程中，一个孤立系统的总混乱度（即“熵”）不会减小。

关于熵的概念比较难以理解，其应用面也很广，按照我们的理解，提出以下几个例证，看看理论和实际的差异和差异的原因是什么？

对于人类社会，很多古文明衰落了、灭亡了，起初他们这个独立系统的复杂程度、文明程度、智力程度在不断增加，社会关系、人际关系日益复杂，但是到了某一天，因为内部矛盾、疾病、基因突变、近亲遗传病等，慢慢没落、灭亡，这个是熵增？还是熵减？

对于某些混合液、乳浊液，我们都知道，静置一段时间，油水就会分离，即便在太空失重状态下，也会慢慢同类物质互相吸附形成大的液团，这和热量、重力无关，应该是系统内部的问题。我们把它摇混，它会变清，我们就是简单加热，也不一定能让它回复混乱，这个是熵增？还是熵减？

如果热的单方向问题不存在，恐怕熵增定律也应该加一定条件了。

四、克劳修斯表述

原文是：对于任意之循环运转装置，在不输入功的情形下而自发性的产生使热由冷体传向热体之效应是不可能的，此为冷机之观点。即不可能把热从低温物体传到高温物体而不产生其他影响。

微观上、具体简单过程中，作为“冷机”理论，克劳修斯表述是正确的，但广义上、系统性观察，系统的说，这个理论应用的条件约束太多，没有实际意义了。因为不需要功，仅仅需要热，就能实现低温物体到高温物体的热量转移。

五、开尔文表述

原文是：对任意之循环运转装置，在只与单一热库交换热量之情形下，而产生对外作功之效应是不可能的。此为热机之观点，即热无法百分之百转为功。开尔文表述还可以表述成：第二类永动机不可能实现。

这个表述反驳起来就比较简单了，因为它的“任意之循环装置”可以包括输出功的卡诺热机和热驱动的逆卡诺循环装置，前面我们已经论述过，现在一个组合的系统，可以实现类似功能。

对开尔文表述的否定，也许能反证“第二类永动机”的可能。

六、第二类永动机

在热力学第一定律问世后，人们认识到能量是不能被凭空制造出来的，于是有人提出，设计一类装置，从海洋、大气乃至宇宙中吸取热能，并将这些热能作为驱动永动机转动和功输出的源头，这就是第二类永动机。它并不违反热力学第一定律，但却违反热力学第二定律。

历史上首个成型的第二类永动机装置是 1881 年美国人约翰·嘎姆吉为美国海军设计的零发动机，这一装置利用海水的热量将液氨汽化，推动机械运转。但是这一装置无法持续运转，因为汽化后的液氨在没有低温热源存在的条件下无法重新液化，因而不能完成循环。

而现在，130 年后的今天，氨的液化技术非常成熟，而且还不是一个耗能过程，是一个“抽取”氨里面热量的逆卡诺循环过程，如果是从 20℃降温到 −80℃，在这个过程中能效比 COP=（372−80）/（20+80）=1.9，大于 1。形象一点说，如果我们消耗能量从“氨气”里面抽热来“烧”开水，得到开水饮用的同时，副产品可能就是不用花钱就能将氨气变成的液氨。液氨又能利用海水热量发电，这个电就是“白”来的。

上述永动机当时不能实现，不等于现在不能实现；不能高效率实现，也不代表不能低效率实现；热不能全部转换为功，不代表不能部分有条件转换为功。

现在继续对“第二类永动机”的研究，除了有可能高效率利用环境热能，还在储能再释放，绿色动力等方面存在巨大的价值。

通常，自然科学的很多理论、定理，互相矛盾的几乎没有，热力学第一、第二定律是个很少的例外！热力学第二定律是否应该完善或如何调整，未来学术界也许会有结论。

第二章　专利技术介绍

第一节　发电储能相关专利

一、一种液态空气发电装置

专利摘要

本实用新型公开了一种液态空气发电装置。本实用新型可以实现空气环境热能高效转化为电能。

技术领域

本实用新型属于液态空气发电领域，具体涉及一种液态空气发电装置。

背景技术

目前火电厂选用的介质是水，其特点是环保、容易获取、循环使用，沸点高、临界温度高、汽化热高；冷凝散热比例大；目前火电厂能利用的热源有限，必须高于 100℃，几乎都是新增能源消耗。

针对现在火电、核电发电环节中工作温度过高，热电转换效率较低的问题，选择液氮、液态空气为介质，降低工作温度，实现利用环境已有热能、回收再利用的余热等低温热源发电。进一步改进工作流程，减少工质的冷凝、再蒸发量，大大提高发电效率。

专利内容

本实用新型采用同样环保的介质，液态空气、液态氮气；来源于空气；工作温段调整到 −190℃ ~+60℃或更高，因此膨胀能量来源于自然界常见的各种介质，如空气、江河湖泊的水、工业生活过程中的废热等，到处都有；不再需要新消耗能源物质；实现能源的循环再利用；利用空气放大器原理设计气体混合引流器，减少气化量、高效率利用空气

热能、极寒天气可以增加补热、防止结冰、可以大幅提高效率。

应用价值和意义

整个发电系统实现闭环工作，可以实现空气环境热能高效转化为电能，完全利用环境已有的能源，实现资源循环利用；

系统整体工作温段下移，工作介质处于常温工作，汽化热低，生产环节中安全风险大大减少；气轮机不需要保温，反而需要尽可能从环境中给它补充热量；材料要求也大大降低；系统建设成本和维护成本都大大降低；

实现的“低温热源”发电，可以用于工作、生产很多场合下的余热回收、余热利用发电、错峰用电、调峰储能、其它清洁能源储能等用途；

同时输出气源，输出冷源、输出电力；类似应用比比皆是；增加液态空气储罐储量，选择性启动或调整空气液化装置液化量，实现错峰用电、蓄能再发电，更加灵活。

二、一种蒸汽乏汽再生装置

专利摘要

本实用新型公开了一种蒸汽乏汽再生装置及工作方法，本实用新型实现乏蒸汽再生，避免冷凝热流失，实现节能减排、增效。应用于工业生产，特别是火力发电生产环节，可以大幅度节能。

技术领域

本实用新型属于蒸汽动力循环领域，具体涉及一种蒸汽乏汽再生装置。

背景技术

在火电厂、化工厂、轮胎厂等高耗能环境大量使用蒸汽，这些蒸汽在释放出温度或压力后变成温度较低的蒸汽，此蒸汽称之为乏汽。目前乏汽再生的难度很大，限于已有理论，乏汽再生如果采用机械能进行增压、补热，则成本非常高，所以普遍不采用机械能加压来实现乏汽的再利用。

目前火电厂普遍还采用实用了一百多年的郎肯循环，其中最耗能的一个环节是乏汽再生，采用的是通过凝汽器将乏汽凝结为冷凝水，把冷凝水通过水泵从低压环节压入高压环节，然后在高压环节实现等压补热增焓，这个环节由于是在低温的条件下释放大量热能，给冷却带来很大负担，同时释放的大量温度较低的热量很难再利用，浪费了大量热量，也造成火电厂的热电转换效率始终在百分之三十五到百分之四十二左右，很难有大的突破。

目前也有两种方式来解决这个问题，一种是蒸汽再热，一种是蒸汽回热，蒸汽再热是蒸汽使用过程中抽出一部分高温高压蒸汽，在它还有一定热量、压力的时候，采用锅炉进行补热，然后再进入下一个做功过程，有限的提高利用率，尽可能降低有用的功和大量凝结散热的比例，相对提高了热量的利用率；回热是在蒸汽还有一定的压力和温度的情况下，特别是利用压力和冷凝器冷凝后的水进行混热或加热，用来直接进入再循环的回热蒸汽，使冷凝水升温，但不达到沸腾，再通过水泵压入锅炉等压升温，减少了通过冷凝过程散热的工质的数量。这两种方式都不能实现最低焓值情况下的乏汽升温、加压，不能实现低温热能充分利用；节能增效效果不大，系统复杂性较大，由于没有实现大量的乏汽热能利用，不是根本解决问题的办法。

专利内容

本实用新型采用的技术方案是：利用流体力学理论，利用少量冷凝水通过高压锅炉再生产生的高压蒸汽，带动乏汽，加压、升温，实现直接再生利用的一种新型装置。

应用价值和意义

本实用新型实现乏蒸汽再生，减少、避免冷凝热流失，实现节能减排、增效。应用于工业生产，特别是火力发电生产环节，可以大幅度节能。

三、一种新型火力发电系统

专利摘要

本实用新型公开了一种新型火力发电系统，包括：冷凝水储罐、高压水泵、射流引流器、高压汽水管路、高压锅炉、高压蒸汽管路、蒸汽混合引流器、中压蒸汽管路、汽轮机、发电机、乏汽管路、凝汽器、冷凝水管路、冷凝水泵、燃料输入管路、由蒸汽扩张段、蒸汽换热器、蒸汽收缩段组成的烟气回收补焓换热器、冷媒高压管路、冷凝换热器、热泵压缩机、膨胀节流阀、射流回汽管路、高温烟气管路、低温烟气排出管路、补水管路、抽真空排气装置及冷媒低压管路。本实用新型没有热量排放环节，热电转换效率大幅提高。

技术领域

本实用新型属于火力发电领域，具体涉及一种新型火力发电系统。

背景技术

目前火电厂选用的介质是水，其特点是环保、容易获取、循环使用，沸点高、临界温度高、汽化热高；冷凝散热比例大；目前火电厂能利用的热源有限，必须高于100℃，几乎都是新增能源消耗。

目前火电、核电发电环节工作温度过高，热电转换效率较低、低温的凝结热很难利用，无法直接补焓。

采用部分蒸汽冷凝得到的水用于作为补焓的媒介，利用流体力学原理实现用高温高压蒸汽热能直接抽∖压乏汽补焓，并采用热泵技术回收再利用这部分凝结热，并采用烟气与蒸汽热交换充分利用锅炉烟气余热，实现全热利用，没有热排放环节，热电转换效率将大幅度提升。

专利内容

本实用新型提供一种新型火力发电系统。可采用水作为工作介质，也可以采用液态空气作为工作介质，液态空气和水有类似的环保特点。采用液态空气作为工作介质时，将锅炉变成气化器，将烟气变成常温可以利用的工业空气或废热水、废热气，循环再利用能源作用明显，将冷凝器变成类似效果的空气液化装置。

应用价值和意义

本实用新型没有热量排放环节，热电转换效率大幅提高；

可以在现有发电系统中改造获得；可以用于核电站；

系统设备使用的电机少、能量动力均来自热能、热能充分利用；

超高压环节少、超高压气量小，可以实现低压机组高效发电，安全性提高，设备成本降低；

可以用于蒸汽轮机动力系统，用于轮船、军舰、潜艇等大型机械运输设备，高效率的实现蒸汽利用。

四、一种高效储能发电系统

专利摘要

本实用新型公开了一种高效储能发电系统，主要原理是充分利用流体力学的技术，大大提高了液态空气气化效率、液态空气利用效率、环境能量利用效率。

技术领域

本实用新型涉及储存能量以及用储存的能量发电的领域，特别是一种高效的储能发电的系统。

背景技术

新能源的研发、存储和利用是当今社会重点解决的问题，目前储能方式主要分为三类：机械储能、电磁储能、电化学储能。

储能技术主要分为物理储能（如抽水储能、压缩空气储能、飞轮储能等）、化学储能（如铅酸电池、氧化还原液流电池、钠硫电池、锂离子电池）和电磁储能（如超导电磁储能、超级电容器储能等）三大类。

压缩空气储能是另一种能实现大规模工业应用的储能方式。利用这种储能方式，在电网负荷低谷期将富余电能用于驱动空气压缩机，将空气高压密封在山洞、报废矿井和过期油气井中；在电网负荷高峰

期释放压缩空气推动气轮机发电。由于具有效率高、寿命长、响应速度快等特点，且能源转化效率较高（约为75%左右），因而压缩空气储能是具有发展潜力的储能技术之一。但受地理条件限制。

近年来，国内外学者发展了液态空气储能发电系统。当需要储存能量时，液态空气储能发电系统首先将常温的空气压缩液化，进行储能；在需要释放能量时，通过对液态空气升温，气化膨胀成高压空气，推动气轮机做功，驱动发电机进行发电，实现能量输出。液态空气储能发电系统由于采用常压液态空气储存，储能密度较高，无污染。

但是，现有的液态空气储能发电系统都是采用热交换的方式，主要是利用液态空气膨胀后得到的气体驱动发电机做功，存在效率低、系统复杂度高、体积大等缺陷。

专利内容

本实用新型设计了一种高效储能发电系统。目的是针对解决现有液态空气储能发电系统效率低、系统复杂度高、体积大等问题，利用空气动力学原理，提出一种高效储能发电系统，在储能发电系统中增加射流泵、空气放大器以及气流补焓升温部件，使得液态空气膨胀得到的气体，能够带动是其10倍～100倍的气体驱动膨胀机做功，从而大大提高了系统效率。

现有的液态空气储能发电系统，需要把使用完的乏气全部变成液体，然后在下一个循环中，只利用液态空气气化产生的气体来膨胀做功，实现能量输出。本实用新型中，由于借助流体力学，无须如现有的系统一样把使用完的乏气全部变成液体，而是只需要把百分之一到十分之一的气体变成液体再进入下一个工作循环。在下一个工作循环中，这百分之一到十分之一被液化的空气，重新被气化，但是却可以带动10～100倍的气体流动，这更大量的气流，温度更高，压力更大，大大提高了整个系统膨胀做功的效率。而且上述提高液态空气气化效率、液态空气利用效率的过程，完全是利用流体力学的原理实现的，并未消耗电能，充分利用了环境热量，使得环境能量利用效率也进一步提高。

第二节　餐饮厨具节能专利

一、余热回收利用炉灶系统

发明摘要

本发明公开了一种余热回收利用炉灶系统，包括：高温需求空间、工作空间、通风管道和炉灶装置；通风管道的进口和出口设置于工作空间中；所述炉灶装置包括：设置于高温需求空间中的冷凝器和设置于通风管道中的蒸发器；冷凝器用于对所述高温需求空间加热；工作空间与高温需求空间相邻，以及所述工作空间的空气吸收高温需求空间散发的热量而变热；蒸发器用于吸收从所述通风管道中流过的空气的热量。由于通过炉灶装置的冷凝器和蒸发器，分别实现了在高温需求空间进行加温，以及对工作空间降温，使工作空间保持在一个合适的温度范围内；从而节省了在工作空间安装空调装置，运行空调装置的能耗，大大减少了能耗。

技术领域

本发明涉及节能技术，尤其涉及一种将余热进行回收、利用的炉灶系统。

背景技术

近些年随着经济的发展，环保与节能的问题也越来越突出。尤其在餐饮行业，能量浪费与环境污染的矛盾越来越突出。在餐饮行业的厨房中，需要安置用于加热食品的炉灶，通常需要产生至少高于 80 度的高温，对食品进行加热，在现有技术中通常采用燃烧加热的方法来产生所需高温。而对于厨房中的工作空间，由于不能让工作人员长期

 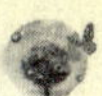

工作在高温环境中，又需要进行降温处理。现有技术中的降温处理方法通常有如下几种：

一种方法是安装大功率的抽风机，一方面将厨房内的热空气排到室外，另一方面从室外抽进较冷的空气。但是这种方法存在的问题是，将油烟空气排放到室外会造成空气污染，不利于环保；另外，从外面抽进空气往往无法避免有尘土、颗粒，这些尘土、颗粒会使厨房内的食品卫生质量下降。

另一方法是安装制冷空调。但是这种方法需要消耗更多的能源。随着能源价格的上涨，额外的能源消耗将给餐饮行业带来很大的经济压力。

应用价值和意义

如果应用于改造保温、蒸、煮、炖食物的灶具，首先革命性的一点是能效比从 1 以下提高为 2 ~ 3 甚至更高，大大减少烹调过程中能源消耗；另外，冷热在厨房内就能实现平衡，厨房不用采用大功率空调和大量新风换气，就能实现“凉爽厨房”；再次就是由于能源消耗减少，所有排放的能量就是热泵系统自身消耗的能量，热排放根据能效比也下降到原来的几分之一，是千百年来厨具行业的一次革命！

二、回收蒸汽的高效热泵厨具

发明摘要

本实用新型是为了解决现有技术中的上述不足而完成的，本实用新型的目的是提供一种回收蒸汽的高效热泵厨具，通过引风罩和吸风扇引导锅内沸腾的蒸汽和蒸发器接触，并将空气热量和汽化潜热传递给蒸发器中的冷媒工质使蒸发器中冷媒工质吸热汽化，再通过压缩机使得气体冷媒工质进入冷凝器并液化放出热量加热锅体，从而实现了有效利用蒸汽中大量的热量，减少了热量直接排放到空气中造成的浪费，并且有效改善了厨房或房间中的操作环境，避免了厨房或房间中由于大量热蒸汽排放造成温度过高、湿度过大，从而减少蒸汽中的水分对于厨房中设备的损害。

技术领域

本实用新型涉及一种节能厨具，特别是一种回收蒸汽的高效热泵厨具。

背景技术

在厨房中经常需要加热各种食物，而通过水等液体对食物进行蒸煮是很常用的一种烹饪手段。本领域中常用的蒸煮厨具一般是锅，其内加入一定量水，然后接通电源进行加热，当锅内液体沸腾后加入需要蒸煮的物品。由于沸腾后会产生大量的水蒸汽，而这些水蒸汽中含有热量主要分为两部分。第一部分为显热，也就是水蒸汽中本身的热量以及其中混有一部分空气所携带的热量。第二部分为潜热，也就是当水蒸汽发生相变，变为液体而释放出来的热量。这些热量如果不经过回收利用，则大量热蒸汽会直接排放到厨房或房间中，此时蒸汽中热量就会白白浪费。并且还要增加排风扇等设备，否则厨房或者房间内会因为充满大量热蒸汽而导致操作环境恶化，因此还会浪费电能。并且如果不及时排出热蒸汽，其含有的大量水分还会造成对屋内设施损害，缩短其使用寿命。

应用价值和意义

本实用新型的回收蒸汽的高效热泵厨具实现了有效利用蒸汽中大量的热量，减少了热量直接排放到空气中造成的浪费，并且有效改善了厨房中的操作环境，避免了厨房或房间中由于大量热放蒸汽排放造成温度过高、湿度过大，从而减少蒸汽中的水分对于厨房或房间中设备的损害。

三、伪沸腾节能灶具及利用其进行加热的方法

发明摘要

本发明是为了解决现有技术中的上述不足而完成的，本发明的目的是提供一种伪沸腾节能灶具，其通过控制锅内温度处于沸腾点以下，从

而降低了液体汽化所吸收热量的热能损耗，并且通过向锅体内鼓入空气造成伪沸腾的状态，促使锅内水流翻滚流动，从而增加了锅内待加热物品和水的充分接触并且避免了物品相互粘连，起到了搅拌作用。由于本发明的伪沸腾节能灶具避免了加热液体的沸腾汽化，从而大大降低了能耗，并且通过吹入空气有效模仿了液体沸腾的状态，从而使得其加热食物的效果和普通沸腾灶具相当，但是其能耗大大下降。

技术领域

本发明涉及一种节能灶具，特别是一种伪沸腾节能灶具。

背景技术

在厨房中经常需要加热各种食物，而通过水等液体对食物进行蒸煮是很常用的一种烹饪手段。本领域中常用的蒸煮厨具一般是锅，其内加入一定量水，然后接通电源进行加热，当锅内液体沸腾后加入需要蒸煮的物品。现有技术中的锅一般都没有控制温度的功能，也就是直接放置在加热源上，如电磁炉、煤气炉等，当锅内液体达到沸腾后则一直保持沸腾状态进行蒸煮。然而液体转变为气体需要吸收大量热量，因此加热装置所提供的大量热能并没有传递给待加热物品，而是被液体吸收从而转化为气体，这样就造成了对于热量的巨大浪费。而一些具有调温控制的锅，如果设置温度在液体沸点以下，虽然避免了液体大量汽化带走热量，但是在传统烹饪中如果保持液体温度在沸点以下则液体中没有气体产生，从而使得锅内水流保持相对静止，则待加热物品与热水之间热交换不充分，从而延长了烹饪的时间。此外如果煮面条、肉片等食材时如果没有气泡沸腾使得锅内水产生流动则容易使食材粘连，从而影响最终食物的口感，甚至使食物内部没有熟透而外部长期接触锅底而加热过度。

应用价值和意义

由于本发明的伪沸腾节能灶具避免了加热液体的沸腾汽化，从而大大降低了能耗，并且通过吹入空气有效模仿了液体沸腾的状态，从而使得其加热食物的效果和普通沸腾灶具相当。

第三节　车船动力节能专利

一、一种液态空气工质环境热动力气轮机

专利摘要

本实用新型公开了一种液态空气工质环境热动力气轮机，本实用新型利用工质吸收低品位自然环境已有热能、生产生活中排放的含热介质中的低品位废热，气化膨胀做功，工作过程中温度较低，动力机械，特别是燃气轮机在生产制造使用中降低材料工艺要求，系统复杂性下降、省去散热系统，几乎不新消耗能源物质，特别适合作为舰船动力。

技术领域

本实用新型属于燃气轮机领域，具体涉及一种液态空气工质环境热动力气轮机。

背景技术

燃气轮机（Gas Turbine）是一种以连续流动的气体作为工质、把热能转换为机械功的旋转式动力机械。在空气和燃气的主要流程中，只有压气机（Compressor）、燃烧室（Combustor）和燃气气轮机（Turbine）这三大部件组成的燃气轮机循环，通称为简单循环。大多数燃气轮机均采用简单循环方案。因为它的结构最简单，而且最能体现出燃气轮机所特有的体积小、重量轻、起动快、少用或不用冷却水等一系列优点。

燃气轮机的工作过程是，压气机连续地从大气中吸入空气并将其压缩；压缩后的空气进入燃烧室，与喷入的燃料混合后燃烧，成为高

温燃气，随即流入燃气气轮机中气化膨胀做功，推动气轮机叶轮带着压气机叶轮一起旋转；加热后的高温燃气的做功能力显著提高，因而燃气气轮机在带动压气机的同时，尚有余功作为燃气轮机的输出机械功。燃气轮机由静止起动时，需用起动机带着旋转，待加速到能独立运行后，起动机才脱开。

燃气轮机的基本工作过程称为简单循环；此外，还有回热循环和复杂循环。燃气轮机的工质来自大气，最后又排至大气，是开式循环；此外，还有工质被封闭循环使用的闭式循环。燃气轮机与其他热机相结合的称为复合循环装置。

燃气轮机是一种先进而复杂的成套动力机械装备，是典型的高新技术密集型产品。作为高科技的载体，燃气轮机代表了多理论学科和多工程领域发展的综合水平，是21世纪的先导技术。发展集新技术、新材料、新工艺于一身的燃气轮机产业，是国家高技术水平和科技实力的重要标志之一，具有十分突出的战略地位。

燃气轮机与其它动力机械相比，具有重量轻、体积小、启动快、可靠性好、单机功率大、运行平稳、寿命长、维修方便等优点。因此，燃气轮机的应用前景非常广阔。

燃气初温和压气机的压缩比，是影响燃气轮机效率的两个主要因素。提高燃气初温，并相应提高压缩比，可使燃气轮机效率显著提高。

专利内容

本实用新型实施例所采用的技术方案是：一种液态空气工质环境热动力气轮机，包括：液态空气储罐、高压超低温液体泵、射流引流器、超低温气液管道、热源输出口、热源输入口、高压气化器、高压常温输气管道、气体混合引流器、换热器热媒液体输入口、换热器热媒液体输出口、低压低温空气管道、连轴器、气轮机、输气管道、排气头、发电机、连接器、管道及由气体扩张段、换热器、气体收缩段组成的补焓换热器；所述高压气化器通过高压常温输气管道连接气体混合引流器；所述气体混合引流器通过输气管道连接气轮机；所述发电机设置在气轮机前端；所述连轴器设置在气轮机后端；所述排气头连接低压低温空气管道；所述气体扩张段连接低压低温空气管道的进气端；所述换热器设置在气体扩张段的上方并和气体扩张段连接；所述气体收缩段设置在换热器的上方，所述气体收缩段的上端和气体混合引流器连接，下端和换热器连接；所述换热器热媒液体输入口和换热器热媒液体输出口分别连接换热器；所述高压气化器通过超低温气液管道连接射流引流器；所述管道输出端连接射流引流器，所述管道另一端连接气体收缩段；所述高压超低温液体泵输出端连接射流引流器；所述高压超低温液体泵输入端连接液态空气储罐；

应用价值和意义

工质吸收低品位自然环境已有热能、生产生活中排放的含热介质中的低品位废热，气化膨胀做功，工作过程中温度较低，动力机械，特别是燃气轮机在生产制造使用中降低材料工艺要求，系统复杂性下降、省去散热系统，几乎不新消耗能源物质，特别适合作为舰船动力；

采用液态空气物理变化释放能量，对机械系统无害，对环境无害，节能减排；

省去压气机，所有机械动力均来热能，效率高；

温度变化范围小，叶片动静间隙不用调整，气轮机效率提高；

用于军事领域大型装备如坦克、军舰、直升机，由于喷出的尾气没有热量，红外特性减弱，使得红外寻的武器无法定位跟踪，实现红外隐身。

二、采用燃料和液态气体的混合动力装置系统及动力输出构建方法

发明摘要

本发明公开一种采用燃料和液态气体的混合动力装置。本发明基于液态气体和燃料作为形成驱动力的基础源，并有效利用液态气体作功后排放的气体作为进一步受热膨胀的预压缩气源，从而可最大限度的提高效率，并降低污染。在此基础上，本发明还提供一种应用该动

 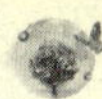

力装置的混合动力系统，以及采用燃料和液态气体的混合动力输出构建方法。

技术领域

本发明涉及发动机技术领域，特别涉及一种采用燃料和液态气体的混合动力装置、系统及动力输出构建方法。

背景技术

随着人类社会的高速发展，大量动力机械得以广泛应用，并已经成为人类社会不可或缺的一部分。众所周知，现有的动力机械能源使用方式均给自然环境带来了严重的破坏，例如，产生热能排放、温室气体排放、烟尘颗粒物排放等环境污染，带来地球变暖、海平面上升、气候变坏等问题。

其中，技术较为成熟的内燃机在汽车及各作业设备应用较为普遍，通过将燃料的化学能转换成机械能实现动力的输出。然而，受其自身结构的限制，现有内燃机使用过程中，燃料燃烧产生的热能爆发推动活塞运行做功，这时相当一部分的热量将传到发动机的机体和缸盖上，并通过冷却系统散发掉，此外还有大量热能随排气排放。也就是说，大部分燃烧热被排放到环境中，正是基于上述热损失的客观存在，使得内燃机效率仅达到 20% 左右。

为了解决能量储存再释放的问题，现有技术提出了一种处理方式。将气体压缩形成高压储存，然后加注至气缸形成压力驱动，代替部分由燃烧后产生的压力。但是，该技术实现过程中，高压储存需要消耗能量 30%，释放加注过程损失 30%，即该手段的再利用率只有 9% 左右。在此基础上，应用该处理方式的内燃机能量利用率也只能达到 20% ～ 30%。

此外，现有内燃机对于石化燃料等能源物质的消耗量较大，且燃料燃烧后的烟尘颗粒物排放直接污染环境，因此，受到节能减排相关要求的制约。

专利内容

本发明涉及发动机技术领域，提供一种采用燃料和液态气体的混合动力装置、系统及动力输出构建方法。

本发明公开一种采用燃料和液态气体的混合动力装置，包括四冲程内燃机气缸和气动机气缸，其中，所述气动机气缸包括缸体、内置于所述缸体内的活塞和与所述缸体及活塞围合形成气源工作腔室的缸盖，所述缸盖上设置有进气门、排气门和伸入所述气源工作腔的喷气嘴；且所述气动机气缸的活塞与所述内燃机气缸的活塞通过连杆机构相连，以在相应的缸体内交替滑动。

通过本发明提供的一种采用燃料和液态气体的混合动力装置，以基于液态气体和燃料作为形成驱动力的基础源，并有效利用液态气体作功后排放的气体作为进一步受热膨胀的预压缩气源，从而可最大限度的提高效率，并降低污染，保持启动气缸内部清洁。

应用价值和意义

1. 本方案提供的混合动力系统在获得同样动力性能的前提下可以减小燃料使用量，可降低污染。同时，本系统可以充分利用燃料燃烧过程中释放的热能，实现气体的预膨胀，以及在气缸体内膨胀过程的热量提供，进而可最大限度的提高燃料利用效率，克服了传统内燃机的热损失问题。

2. 本方案中气动机气缸排出的气体，部分用于气缸的进气，与传统技术吸入环境大气相比，由于该封闭系统的排气没有污染，气缸内具有较为优质的环境，一方面，进一步利用具有一定排气温度的热量，另外对于气缸作动性能提供了可靠的保障。各种液化的气体，不可能包含冰或干冰等物质，气化为气体后，成为较为纯净的进气无杂质，可完全规避结冰现象。

3. 本发明有效利用了液态气体的沸点较低，且温度变化膨胀率较高的特点，即便是在极寒天气也能可靠应用；此外，液态体积小，与压缩空气作为驱动介质的技术相比，液态气体的存储体积相差 2 ~ 3 倍，且储存能量大。本方案一次充加液态气体可供较长时间的使用，且液态气体保温可靠即可，特别地，水、空气、土壤均为热的不良导体，实际使用时具有安全性高的特点。

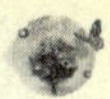

4. 采用液态气体作为气动机的作功基础源，其制备过程中将产生大量集中热，例如制备液氮，可以将该集中热收集并加以有效利用，作为供暖等需暖系统的热源，由此确保整个产业链的产能得以优化。

三、一种低温混合动力燃气轮机及工作方法

专利摘要

本实用新型公开了一种低温混合动力燃气轮机，包括：燃料输送管、第一轴连器、管路、燃烧室、液态空气喷嘴、气轮机、第二轴连器、空气入口、排气段、第三轴连器及压气机。本实用新型充分利用热能做功，同时降低温度，降低材料工艺要求，省去散热系统，系统复杂性下降、提高燃料利用效率。

技术领域

本实用新型属于燃气轮机领域，具体涉及一种低温混合动力燃气轮机。

背景技术

燃气轮机（Gas Turbine）是一种以连续流动的气体作为工质、把热能转换为机械功的旋转式动力机械。在空气和燃气的主要流程中，只有压气机（Compressor）、燃烧室（Combustor）和气轮机（Turbine）这三大部件组成的燃气轮机循环，通称为简单循环。大多数燃气轮机均采用简单循环方案。因为它的结构最简单，而且最能体现出燃气轮机所特有的体积小、重量轻、起动快、少用或不用冷却水等一系列优点。

燃气轮机是以连续流动的气体为工质带动叶轮高速旋转，将燃料的能量转变为有用功的内燃式动力机械，是一种旋转叶轮式热力发动机。燃气轮机可以是一个广泛的称呼，基本原理大同小异，一般所指的燃气气轮机发动机，通常是指用于船舶（以军用作战舰艇为主）、车辆（通常是体积庞大可以容纳得下燃气气轮机的车种，例如坦克、工程车辆等）。与推进用的气轮机发动机不同之处，在于其气轮机除了要带动传动轴，传动轴再连上车辆的传动系统、船舶的螺旋桨等

外，还会另外带动压气机。

燃气轮机的工作过程是，压气机连续地从大气中吸入空气并将其压缩；压缩后的空气进入燃烧室，与喷入的燃料混合后燃烧，成为高温高压高速燃气，随即流入燃气气轮机中膨胀做功，推动气轮机叶轮带着压气机叶轮一起旋转；加热后的高温燃气的做功能力显著提高，因而燃气气轮机在带动压气机的同时，尚有余功作为燃气轮机的输出机械功。燃气轮机由静止起动时，需用起动机带着旋转，待加速到能独立运行后，起动机才脱开。

燃气轮机的工作过程最简单的称为简单循环；此外，还有回热循环和复杂循环。燃气轮机的工质来自大气，最后又排至大气，是开式循环；此外，还有工质被封闭循环使用的闭式循环。燃气轮机与其他热机相结合的称为复合循环装置。

燃气轮机是一种先进而复杂的成套动力机械装备，是典型的高新技术密集型产品。作为高科技的载体，燃气轮机代表了多理论学科和多工程领域发展的综合水平，是21世纪的先导技术。发展集新技术、新材料、新工艺于一身的燃气轮机产业，是国家高技术水平和科技实力的重要标志之一，具有十分突出的战略地位。

燃气轮机与其它动力机械相比，具有重量轻、体积小、启动快、可靠性好、单机功率大、运行平稳、寿命长、维修方便等优点。因此，燃气轮机的应用前景非常广阔。

燃气初温和压气机的压缩比，是影响燃气轮机效率的两个主要因素。提高燃气初温，并相应提高压缩比，可使燃气轮机效率显著提高。

专利内容

本实用新型所采用的技术方案是：一种低温混合动力燃气轮机，包括：燃料输送管、第一轴连器、管路、燃烧室、液态空气喷嘴、气轮机、第二轴连器、空气入口、排气段、第三轴连器及压气机；所述燃料输送管连接燃烧室；所述第一轴连器设置在压气机的前端；所述空气入口设置在压气机的后端；所述燃烧室设置在管路内；所述液态空气喷嘴设置在管路内靠近燃烧室的出口处；所述第二轴连器连接压

气机气轮机；所述第三轴连器设置在气轮机的后端；所述排气段设置在气轮机的前端出口处。

应用价值和意义

1. 使用液态空气这种新工质吸收热量，物理气化体积膨胀做功，充分利用热能使之转化为机械能，同时降低温度，降低材料工艺要求，省去散热系统，不需要其它热回收、烟气热量再利用系统，系统复杂性下降、燃料利用效率大幅提高；采用液态空气对系统无害，环境无害，节能减排。

2. 气轮机静态和工作状态直接温度变化范围小，其动静叶片间隙不用调整，气轮机结构简化、效率提高；提高燃烧效率，又没有提高燃烧温度，NOx 氮氧化物排放减少。

3. 本实用新型用于军事领域大型装备如坦克、军舰、直升机，由于喷出的尾气没有高温热量，红外特性、紫外特性大幅减弱，使得红外寻的武器无法定位跟踪，实现红外隐身。

第四节　飞机火箭动力专利

一、液态气体混合动力涡轮喷气发动机

专利摘要

本实用新型提供了一种液态气体加力喷气发动机。本实用新型的喷气发动机包括进气道、压气机、燃油喷管、燃烧室、涡轮和尾喷管，在燃烧室与涡轮之间设置液态气体喷射装置和与其相连的液态气体存储装置。通过本实用新型，能够增加燃料效率，减小消耗，降低成本和污染，以及降低对涡轮部件材料、加工工艺等方面的要求。

技术领域

本实用新型涉及一种液态气体混合动力涡轮喷气发动机。

背景技术

飞机广泛采用的涡轮喷气发动机的缺点在于：热效率低、能耗大，环境污染大。另外，涡轮喷气发动机在工作过程中，会产生高达两千摄氏度以上的高温气体并且该高温气体会剧烈膨胀产生喷射速度极高的气流。由于在涡轮喷气发动机工作过程中，涡轮会长时间受这一高温、高速气流的作用，因此，对喷气发动机的涡轮的材料及制造工艺的要求非常高，以致喷气发动机的加工工艺要求非常高，加工成本也非常高。

针对于此，现有技术中也提出了通过向喷气发动机中喷入非燃料（例如，水）来解决上述问题的方案。但是，实践表明，目前这类方案的效果有限，对于以上问题的解决远未达到令业界满意的程度。

专利内容

本实用新型的目的在于提供了一种液态气体混合动力涡轮喷气发动机，其能够增加燃料效率，减小消耗，降低成本和污染以及降低对涡轮部件材料、加工工艺等方面的要求。

根据本实用新型的一个方面，提供了一种喷气发动机，其包括进气道、压气机、燃油喷管、燃烧室、涡轮和尾喷管，在燃烧室与涡轮之间设置液态气体喷射装置和与其相连的液态气体存储装置。

所述液态气体优选液态空气，液态氮气或液态混合气体。

所述喷气发动机优选为涡轮风扇喷气发动机或涡轮喷气发动机。

应用价值和意义

根据本实用新型，由于在喷气发动机工作期间，通过设置在喷气发动机的燃烧室与涡轮之间的液态气体喷管，向流经燃烧室与涡轮之间的高温、高压气流喷注了液态气体，从而能够借助液态气体的迅速汽化，显著降低气流温度，由此大大降低热量对涡轮叶片的影响，并且，由于作用在涡轮叶片上的作用力不会减少，因此，并不会减小带动涡轮旋转的力，同时经尾喷管喷出的气体的质量和速度非但没有损失反而会增加，从而随着不断喷入液态气体而使喷气发动机的推力增加，由此能够增加燃料效率，减小能源消耗，降低成本和污染，以及降低对涡轮部件材料、加工工艺等方面的要求。

二、一种冲压喷气发动机

专利摘要

本实用新型涉及一种冲压喷气发动机。本实用新型由于在进气道中有空气引流结构，通过少量的液态空气气化得到的高压空气喷射，带动周围的空气，在一端高速输出大量的较低压气流，因而可以实现冲压喷气发动机在静止的条件下的起动，并且也解决了使用该发动机的飞行器在失速情况下冲压喷气发动工作稳定性问题。

技术领域

本实用新型涉及一种冲压喷气发动机，尤其是涉及一种液态空气助力冲压喷气发动机。

背景技术

冲压喷气发动机是一种利用迎面气流进入发动机后减速，使空气提高静压的一种空气喷气发动机。它通常由进气道（又称扩压器）、燃烧室、推进喷管三部组成。冲压发动机没有压气机（也就不需要燃气涡轮），所以又称为不带压气机的空气喷气发动机。

冲压发动机主要是利用高速迎面气流进入发动机后减速使空气增压的航空发动机。通常由进气道、燃烧室和喷管组成。其工作原理是：当飞机运动时，空气流以高速冲进发动机中，于是空气速度就下降，压力便上升。当压力刚刚达到最大值时，就由喷油嘴喷射燃料，开始燃烧，使得发动机燃烧室中空气温度和压力急速地增大，然后这种炙热的空气与燃烧产物相混合的气体，便以更大的速度从发动机喷管喷射出来。喷气流的速度比进口的空气速度大得多，因而就造成反作用推力，使得飞机运动。气流喷出速度愈大，推力也就愈大。

总之，冲压发动机的构造简单、重量轻、推重比大、成本低。但它的缺点是不能自行起动，须用其他发动机作为助推器，飞行器达到一定飞行速度后才能有效工作。因没有压气机，不能在静止的条件下起动，所以一直不适合作为普通飞机的动力装置，应用场合受了限制。

专利内容

本实用新型设计了一种冲压喷气发动机，其解决的技术问题是（1）现有冲压喷气发动机不能自行起动，须用其他发动机作为助推器，俟飞行器达到一定飞行速度后才能有效工作。（2）现有冲压喷气发动机燃烧段产生大量的热量未能被充分利用，效率较低也就造成了燃料的浪费，同时也造成对环境的较大污染。

应用价值和意义

1. 本实用新型由于在进气道中有空气引流设计，通过输入少量的液态空气气化得到的高压空气喷射，带动周围的空气，在一端高速输

出大量的较低压气流，因而可以实现冲压喷气发动机在静止的条件下的起动，并且也解决了使用该发动机的飞行器在失速情况下冲压喷气发动工作稳定性问题。

2. 本实用新型由于液态空气吸收燃烧室燃烧生成的高温气体热量发生膨胀并在尾喷管中形成加力膨胀段，使得液态空气迅速气化，在膨胀过程中能输出巨大的推力，并且可以充分利用燃料产生的热值，改进燃料燃烧效率，减少对环境的破坏。

3. 本实用新型由于多个燃料喷管沿着燃烧室内壁做环形分布，燃烧的气体也带动周边气流实现流体力学的科恩达效应，高速输出大量的低压气流。

4. 本实用新型冲压喷气发动机由于无旋转件，使得发动机重量更小、噪音小、发动机进出气口形状不受限制、抗外物冲击的能力强、对材料耐高温要求降低以及降低了材料成本。

5. 本实用新型利用液态空气吸收燃料产生的热能膨胀做功，增加推力的同时，也大大降低喷射气体的温度，大大降低了红外特性和紫外特性，除了又环保作用，还在军事领域作战装备红外隐身方面有明显作用。

三、液态气体加力喷气发动机

专利摘要

本实用新型提供了一种液态气体加力喷气发动机，其包括进气道，压气机，带有燃油喷嘴的燃烧室，涡轮，加力燃烧室以及尾喷口，其还设有液态气体存储装置以及液态气体喷射装置，液体气体喷射装置与液态气体存储装置相连并延伸至加力燃烧室内。通过本实用新型，能够确保喷气发动机在进行加力推进时，充分利用液态气体受热膨胀做功，以更高效率增大喷气发动机的推力，由此显著提高其发动机燃料效率，增加推力，降低动力成本、减少环境污染，同时，还能降低遭受红外寻的武器攻击的可能性。

技术领域

本实用新型涉及一种液态气体加力喷气发动机。

背景技术

现代高性能飞机所使用的发动机通常采用涡轮喷气发动机或涡轮风扇发动机。这两种发动机均设有加力燃烧室，其主要由风扇、空气压缩室、燃烧室、涡轮以及加力燃烧室等构成，其中，加力燃烧室由扩压器、点火器、喷嘴、火焰稳定器、防振隔热屏和筒体等构成，其作用在于在飞机发动机加力工作时，能够实现向输送来的燃气或经外涵道输送的空气喷射燃料并点火燃烧，以提高气流温度，从而能够在短时间内增大发动机推力。

在飞机未采用加力方式飞行时，其发动机通过风扇吸入空气并将其引入空气压缩室内以对其进行压缩，经压缩后的空气进入燃烧室与燃料油混合并燃烧，进而从燃烧室喷出而推动涡轮工作，并经涡轮轴将力传递给风扇以带动其工作，如此循环往复；与此同时，向加力燃烧室喷出燃烧的高温高速气体并经尾喷管喷出，同时风扇吹送的气流经外涵道吹向尾喷管，最终与燃烧气体形成合力作为推力。

在飞机采用加力方式飞行时，加力油门开启以使发动机运行至加力状态，从普通燃烧室燃烧通过的高温气体和其中未完全消耗的剩余氧气在加力燃烧室内经扩压器减速后，与加力燃烧室中新喷入的燃料混合形成油气混合气，经过二次燃烧，使尾喷管喷出的燃气的温度和速度更高，以使飞机获得更大的推力。

目前最新加力推进技术包括：喷水方式、喷射燃料式、以及喷射燃料和水的方式混合物。这些技术虽然具有提高飞机发动机的功率以及改善飞机的爬升和高空机动性能等优点，但是，也表现出明显的缺点，例如，喷水加力推进方式，由于水的汽化热大，因此，在吸收同等热量的情况下，会因临界温度高、沸点高，造成温升低以及汽化气体量少等缺陷；喷射燃料式以及喷射燃料和水的方式混合物会造成燃料浪费、成本高及污染严重等问题。

 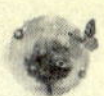

专利内容

本发明提供一种液态气体加力喷气发动机以及实现喷气飞机的加力飞行的方法。

本发明的主要原理是通过选择液态气体用作加力工作介质，从而使喷气发动机在进行加力推进时，可以充分利用热能使液态气体受热膨胀做功，以更高效率增大喷气发动机的推力。根据本发明，由于作为加力介质所选择使用的液态气体的汽化热很小，以液态氮气为例，其汽化热仅为水的1/8，因此，能够充分利用热能；由于其温度极低，因此，其能够充分快速吸收热能。另外，由于其喷射时温度极低，最终和其它混合气化后的最终温度大大降低，因此还可以大大降低红外特性。与喷燃料相比，能够降低成本，减少污染。

通过本发明，能够确保喷气发动机在进行加力推进时，可以充分利用液态气体受热膨胀做功，以更高效率增大喷气发动机的推力，由此显著提高其发动机燃料效率，增加推力，降低动力成本、减少环境污染

应用价值和意义

1. 对于作战飞机而言，必要时喷射液态空气、液态氮气等液态气体加力，首先能够显著提升推力，同时使尾喷管的温度大大降低，这样还能够大大降低遭受红外寻的武器攻击的可能性。

2. 对于平时作战训练时的飞机，将可重复使用的外挂副油箱改造成绝热储液箱，在平时训练时通过在加力燃烧室中喷射液态空气、液态氮气等，从而能够以经济的成本使加力推进方式实现良好的推力效果，并减少对如航空母舰等舰船起飞甲板的热排放，防止侵害甲板，降低训练成本。

3. 对于民航客机也可以采用这种起飞加力方式来降低成本，降低碳排放指标，减少对空气的污染。

四、一种液态空气加力助推火箭发动机设备

专利摘要

本实用新型公开了一种液态空气加力助推火箭发动机设备，包括以下部分：液态空气储箱、超低温液体泵、液态空气喷嘴、加力膨胀段，所述液态空气喷嘴设置在火箭发动机后端，加力膨胀段内部前端。本实用新型通过混合使用液态空气介质，充分利用燃料产生的热量，减少环境污染，在保证同样推力的情况下，大幅度降低燃料的使用量，使成本降低，大幅度降低红外特性和紫外特性，在导弹隐身方面有较大作用。

技术领域

本实用新型属于火箭发动机领域，具体涉及一种液态空气加力助推火箭发动机设备。

背景技术

火箭发动机就是利用冲量原理，自带推进剂、不依赖外界空气的喷气式发动机。火箭发动机是喷气发动机的一种，将推进剂箱或运载工具内的反应物料（推进剂）变成高速射流，由于牛顿第三定律而产生推力。大部分火箭发动机靠排出高温高速尾气来获得推力，固体或液体推进剂（由氧化剂和燃料组成）在燃烧室中高压（10–200 bar）燃烧产生尾气。

火箭发动机喷管是用于动机的一种（通常是渐缩渐阔喷管）推力喷管。它用于膨胀并加速由燃烧室燃烧推进产生的燃气，使之达到超高音速。

目前所有在使用的火箭，在使用过程中存在以下的问题：

1. 燃料利用率低，从火箭发动机喷管喷出的长火焰看出，大量的热量排向了空气中，因为火箭的速度和喷射出的物质的质量和物质的速度有关，和物质的温度无关，所以热量浪费巨大；

2. 因为燃料利用率低，所以环境污染严重，比如美国的阿波罗号

一秒钟所消耗的燃料是人类当年首次横跨大西洋的飞机所消耗的燃料的十倍还多。

3. 燃料利用率低，燃料成本也就很高；特别在发射卫星方面与国际竞争时，燃料成本也成为重要的一方面；

4. 由于温度高，热量强，红外特性和紫外特性也就很强，很容易被侦测到，难以做到起飞段隐身，导弹起飞后，马上会被对方发现，对方会提前预警准备应对、反击、拦截。

专利内容

本实用新型的目的是，通过混合使用液态空气介质，充分利用燃料产生的热量，减少环境污染，在保证同样推力的情况下，大幅度降低燃料的使用量，使成本降低，同时由于所喷射的尾焰气体的温度大副下降，使所喷射的尾焰气体的红外特性和紫外特性大幅度降低；使用空气液化得到的液态空气，则尽可能利用自然界的资源，最大限度利用燃料热能，使对环境的污染降到最低。

本实用新型针对上述问题，提供一种液态空气加力助推火箭发动机设备。

本实用新型解决上述问题所采用的技术方案是：一种液态空气加力助推火箭发动机设备，包括以下部分：液态空气储箱、超低温液体泵、液态空气喷嘴、加力膨胀段等。

所述液态空气储箱通过超低温液体泵密封连接所述液态空气喷嘴；所述液态空气喷嘴设置在火箭发动机后端，加力膨胀段内部前端。

应用价值和意义

1. 是现有火箭发动机技术的延续，现有火箭发动机系统几乎不变；

2. 高效率实现喷出的气体物理膨胀，燃料利用率提高，火箭发动机推力增加。

3. 液态空气容易获取，且低污染、低成本。

五、一种液态空气混合动力的火箭发动机设备

专利摘要

本实用新型公开了一种液态空气混合动力的火箭发动机设备，包括以下部分：液态空气储箱： 用以装载液态空气；超低温液体泵：用以在火箭发动机运行时将液态空气输送到液态空气喷嘴喷出，和火箭发动机喷出的超高温、超音速的尾焰气体相混合； 液态空气喷嘴：用以在火箭发动机运行时将液态空气喷出到火箭发动机后部最窄处的喉道部位和火箭发动机喷出的超高温、超音速的尾焰气体相混合。所述液态空气储箱为内置式或外挂式的液态空气储箱。本实用新型通过混合使用液态空气介质，充分利用燃料产生的热量，减少环境污染，在保证同样推力的情况下，大幅度降低燃料的使用量，使成本降低，大幅度降低红外特性和紫外特性，在战略导弹隐身方面有较大作用。

技术领域

本实用新型属于车在线火箭发动机领域，具体涉及一种液态空气混合动力的火箭发动机设备。

背景技术

火箭发动机就是利用冲量原理，自带推进剂、不依赖外界空气的喷气发动机。火箭发动机是喷气发动机的一种，将推进剂箱或运载工具内的反应物料（推进剂）变成高速射流，由于牛顿第三定律而产生推力。大部分火箭发动机靠排出高温高速尾气来获得推力，固体或液体推进剂（由氧化剂和燃料组成）在燃烧室中高压（10–200 bar）燃烧产生尾气。

火箭发动机喷管是用于动机的一种（通常是渐缩渐阔喷管）推力喷管。它用于膨胀并加速由燃烧室燃烧推进产生的燃气，使之达到超高音速。

目前所有在使用的火箭，在使用过程中存在以下的问题：

1. 燃料利用率低，从火箭发动机喷管喷出的长火焰看出，大量的

热量排向了空气中，因为火箭的速度和喷射出的物质的质量和物质的速度有关，和物质的温度无关，所以热量浪费巨大；

2. 因为燃料利用率低，所以环境污染严重，比如美国的阿波罗号一秒钟所消耗的能量是人类横跨大西洋的所有飞机所消耗的能量的十倍还多。

3. 燃料利用率低，燃料成本也就很高；特别在发射卫星方面与国际竞争时，燃料成本也成为重要的一方面；

4. 由于温度高，热量强，红外特性和紫外特性也就很强，很容易被侦测到。

火箭的燃料不管是固体还是液体，在燃烧时，迅速升温，气化，达到两千度到三千度摄氏度　，因为受热膨胀，被限制在燃烧室范围内，形成非常大的压力，燃烧的废气向后喷出时，喷出的速度达到了音速。随着膨胀，速度增加，压力降低，温度降低，最后喷出的气体和大气混合，大量热量被浪费掉。

液态空气是将大自然的空气加压再降温后变成液态淡蓝色气体，具有较低的气化热和超低温的存储温度，如果将液态空气和超高温的尾焰混合后，超高温的尾焰的热量使超低温的液态空气迅速膨胀并气化，液态空气由液体变成气体时，在 1 个大气压的情况下，体积会膨胀 800 倍以上，剧烈膨胀会更增加火箭发动机的推动力。

专利内容

本实用新型提供一种液态空气混合动力的火箭发动机设备。包括以下部分：

液态空气储箱：用以装载液态空气；

超低温液体泵：用以在火箭发动机运行时将液态空气输送到液态空气喷嘴喷出，和火箭发动机喷出的超高温、超音速的尾焰气体相混合；

液态空气喷嘴：用以在火箭发动机运行时将液态空气喷出到火箭发动机后部最窄处的喉道部位和火箭发动机喷出的超高温、超音速的尾焰气体相混合。

应用价值和意义

1. 是现有火箭发动机技术的延续，现有火箭发动机系统几乎不变；

2. 高效率实现喷出的气体物理膨胀，燃料利用率提高，火箭发动机推力增加。

3. 液态空气容易获取，且低污染、低成本。

第五节　锅炉节能减排专利

一、真空压缩高温锅炉

专利摘要

本实用新型公开了一种真空压缩高温锅炉，其包括锅炉本体、冷凝室、蒸汽压缩机、疏水阀，其特征在于所述锅炉本体上部有燃烧蒸发室，燃烧蒸发室通过管道和蒸汽压缩机与冷凝室相连，冷凝室底部通过管道和疏水阀和燃烧蒸发室相连，从而形成回路。

技术领域

本实用新型涉及一种真空热水锅炉，特别是一种真空压缩高温锅炉。

背景技术

工业锅炉是中国主要的热能动力设备，锅炉行业是与人类共存的永恒产业，尤其是在中国还是一个不断发展的产业。20 世纪 80 年代以后，中国的经济发生了突飞猛进的变化，锅炉行业更加突出，全国锅炉制造企业增加近二分之一，并形成了独立开发研制一代又一代新产品的能力，产品的技术性能已接近发达国家水平。锅炉是经济发展时代不可缺少的商品，未来将如何发展，是非常值得研究的。

真空热水锅炉是一种常用的工业锅炉，其利用水在一定真空度下，可以在不到标准大气压下沸点开始沸腾汽化成水蒸气的原理，从而减少了燃气消耗量，达到节能目的。现有真空热水锅炉主要由燃烧器、燃烧室、真空腔及置于真空腔内的换热管等部件组成，燃烧器喷出的燃气在燃烧室内燃烧，燃烧释放的热量对燃烧室壁板进行加热，燃烧室壁板对热媒水加热汽化，热媒水汽化后的水蒸气与换热管热交换后凝结形成水滴溜回热媒水，重新被加热汽化，如此完成整个循环过程。真空热水锅炉就有很多优点，其节能、环保、寿命长、对环境污染小、且比普通热水锅炉热效率高，相对于普通热水锅炉更安全，因此已受到广泛重视。但是由于真空热水锅炉的原理是在低压低温下使水低温沸腾，因此其正常工作温度低于90摄氏度，真空度低于-30Kpa，所以其存在一个缺点，就是提供的水温度一般不高于90摄氏度，并且不能输出热蒸汽。

专利内容

本实用新型的目的是提供一种真空压缩高温锅炉，通过利用现有热泵技术，将锅炉本体上部的燃烧蒸发室通过管道和蒸汽压缩机与冷凝室相连，利用蒸汽压缩机降低燃烧蒸发室的压力从而促进其中的热媒水在较低温度下汽化，并且被压入到冷凝室中，由于冷凝室中压力不断增加因此气体容易凝结并放出凝结热，促使导热管中的被加热液体升温甚至汽化，从而提供高温液体或者蒸汽，克服了现有技术的真空锅炉无法提供高温液体和蒸汽的技术缺陷。

本实用新型设计的真空压缩高温锅炉，其包括锅炉本体、冷凝室、蒸汽压缩机、疏水阀，其特征在于所述锅炉本体上部有燃烧蒸发室，燃烧蒸发室通过管道和蒸汽压缩机与冷凝室相连，冷凝室底部通过管道和疏水阀和燃烧蒸发室相连，从而形成回路。

应用价值和意义

由于本实用新型通过利用现有热泵技术，将锅炉本体上部的燃烧蒸发室通过管道和蒸汽压缩机与冷凝室相连，利用蒸汽压缩机降低燃烧蒸发室的压力从而促进其中的热媒水在较低温度下汽化，并且被压入到冷凝室中，由于冷凝室中压力不断增加因此气体容易凝结并放出凝结热，促使导热管中的被加热液体升温甚至汽化，从而提供高温液体或者蒸汽，克服了现有技术的真空锅炉无法提供高温液体和蒸汽的技术缺陷。而且由压缩机产生锅炉内部高压，因此不会出现压力无限制上升直到蒸发腔爆炸。

上述仅对本实用新型中的几种具体实施例加以说明，但并不能作

为本实用新型的保护范围，凡是依据本实用新型中的设计精神所作出的等效变化或修饰或等比例放大或缩小等，均应认为落入本实用新型的保护范围。

二、一种热泵电汽水锅炉

专利摘要

本实用新型公开了一种热泵电汽水锅炉，其包括储液罐、回热器、低压膨胀阀、高温膨胀阀、电磁阀、低温压缩机、蒸发器、高温压缩机、蒸汽水罐、热水罐。

技术领域

本发明涉及一种锅炉，特别是一种节能热泵锅炉。

背景技术

工业锅炉是中国主要的热能动力设备，锅炉行业是与人类共存的永恒产业，尤其是在中国还是一个不断发展的产业。20 世纪 80 年代以后，中国的经济发生了突飞猛进的变化，锅炉行业更加突出，全国锅炉制造企业增加近二分之一，并形成了独立开发研制一代又一代新产品的能力，产品的技术性能已接近发达国家水平。锅炉是经济发展时代不可缺少的商品，未来将如何发展，是非常值得研究的。

蒸汽锅炉指的是把水加热到一定参数并生产高温蒸汽的工业锅炉，水在锅筒中受热变成蒸气，通过电、油或者气体燃烧发出热量提供能量，就是蒸气锅炉的原理。蒸汽锅炉按照燃料（电、油、气）可以分为电蒸汽锅炉、燃油蒸汽锅炉、燃气蒸汽锅炉三种；按照构造可以分为立式蒸汽锅炉、卧式蒸汽锅炉，中小型蒸汽锅炉多为单、双回程的立式结构，大型蒸汽锅炉多为三回程的卧式结构。各种锅炉中，由于资源限制，许多企业不得不使用电锅炉，电锅炉也满足“清洁生产”的要求，有相当大的市场应用。

传统电、油、气体蒸汽锅炉其共同缺点是能效比为 1，不可能借助环境能源，不能有效的利用环境中的各种废水、工厂排污、环境热水、太阳能热水器中的热水，通过污水源换热器带来建筑物城市污水中含有的热能，通过地下水、地面打井带来土壤中的热能、江河湖泊的水中含有的热能。而采用热泵与传统电、油、燃气加热的混合型锅炉则能效比低下、成本高、使用复杂、噪音大等缺点。并且现有技术中的锅炉通过提供热量加热水变为蒸汽，其供热方式简单直接，容易使锅炉内部压力持续上升，在锅炉发生故障时由于压力不断增加容易造成爆炸等事故，对周围环境和操作人员造成极大威胁。此外现有技术的锅炉在提供的蒸汽中容易携带水分，并且在系统补水过程中容易造成温度和压力波动，在加热升温过程中容易在蒸汽中混入机油等污染物质，从而使得输出蒸汽用途受到限制。

专利内容

本发明是为了解决现有技术中的上述不足而完成的，本发明的目的是提供一种热泵电汽水锅炉，本发明通过利用现有热泵技术，高效收集热源液中热量，将目标软化水加热到目标温度。并且利用热泵两级压缩高效率收集热能达到合理温度；低温段高温段分开，提高热效率、同时输出热水、开水、蒸汽为其多用途提供了可能；低温段切换单机压缩降低能耗、提高能效比。此外热泵的压缩机冷凝加热器升温有限，因此不可能造成压力无限上升而爆炸，杜绝了以前的锅炉在异常状况的情况下，热能持续不断供给发生爆炸。其次本发明内置汽水分离器，避免了气体中含有水的问题。并且能够提供清洁无污染的蒸汽、沸水和热水，满足多用途的需求。

应用价值和意义

本实用新型通过采用热泵技术作为唯一热量来源，并利用热泵两级压缩，通过电磁阀进行选择，在初始阶段仅使用低温压缩机，而在高温阶段同时使用低温压缩机和高温压缩机，从而有效提高了能效比。此外热泵的压缩机冷凝加热器升温有限，因此不可能造成压力无限上升而爆炸，杜绝了以前的锅炉在异常状况的情况下，热能持续不断供给发生爆炸。其次本实用新型内置汽水分离器，避免了气体中含有水的问题。并且能够提供清洁无污染的蒸汽、沸水和热水，满足多用途的需求。

第六节　数据中心节能专利

一、一种数据中心液态空气工质制冷发电装置

专利摘要

本实用新型公开了一种数据中心液态空气工质制冷发电装置。本实用新型可以降低制冷机组采购成本、降低备用发电机组采购成本，通过减免数据中心制冷机组电耗，低温发电机组发电自用等方式，可以使得数据中心电耗大幅度降低。

技术领域

本实用新型属于液态空气发电领域，具体涉及一种数据中心液态空气制冷发电装置。

背景技术

目前，数据中心都拥有大量服务器、网络设备，耗能巨大，一个数据中心耗电有时可以达到上百万千瓦。全国所有数据中心耗电总和相当于天津市的全部耗电量。数据中心设备工作时发出大量热量，需要大功率制冷系统维持适宜环境温度。长期以来多采用空调制冷系统和自然冷源冷却配合实施，所有的热量均属于搬出数据中心“扔”到大气层、自然环境中了，不同的地方往往只是尽可能采用更低成本的手段实现“扔”热量的办法。数据中心本身是高耗电系统，用大功率制冷系统制冷，综合耗电量将更高。

现有用热泵，将机房空调冷却水中热能回收利用，产生热水，供采暖、生活、生产使用。数据中心每 1 万千瓦能耗，回收得到的热水可以供 10 万平米住宅采暖，现实中很多情况下回收的大量热水无法得到利用。

目前已有的低温热源发电技术多是是在热泵回收热量，产生 80℃以上高温热水后，采用低温发电机组转化为电能，发电效率很低，热能转换为电能的效率只有 1~5%，没有使用价值。

专利内容

本发明提供一种数据中心液态空气工质制冷发电装置，该装置采用液态空气作为工作介质，高效率吸收数据中心机房设备产生的大量热量，将热能转化为电能自用的解决方案，减少电能消耗、减少冷却水资源消耗、减少对环境的热排放，实现环保、节能、减排、资源循环利用。

本实用新型设计的一种数据中心液态空气工质制冷发电装置，包括：超低温储液罐、高压超低温液体泵、高压超低温管路、射流引流器、低温换热器、低温高压气管路、气体混合引流器、由气体扩张段、中温换热器、气体收缩段组成的升温增压补焓换热器、常温工作气体管路、气轮机输入阀、工作气路、气轮机、发电机、乏气气路、气轮机输出阀、回气管路、制冷回水输入管路、中低温换热器连接管路、制冷回水输出管路、余气排放口、液态空气加注口、检修短路管路、检修短路气阀及引流回气管路等

应用价值和意义

1. 通过节约制冷机组电耗，数据中心电耗大幅度降低；还可以降低制冷机组采购成本、降低备用发电机组采购成本；可以自发电自用，耗电进一步减少，甚至完全实现自我供应；

2. 制冷效果好，和环境温度无关；气轮机可靠性高，发电可用性强，能长期稳定工作；

3. 备份多种模式，液态空气可以直接制冷，保障机房应急制冷；省去了冷却散热系统，没有冷却塔水耗，节约了环境水资源；

4. 排气洁净、低温、无水，通过机房加湿后，可以做新风，进一步提高吸收热量的能力；减少了对环境的热排放，实现低碳、减排、循环利用能源。

第七节　关键节能减排专利

一、节能压缩空气装置及其制备方法

专利摘要

本实用新型涉及气体压缩制造技术领域，具体涉及一种节能压缩空气装置，本实用新型利用科恩达效应原理，在传统装置基础上设置射流引流器、气体混合引流器，利用少量液态空气气化产生少量高压压缩空气，用少量高压压缩空气形成 10 ～ 100 倍的高流量压缩空气，耗能少、装置简单、供气量大、无噪声、成本也大幅降低。

技术领域

本实用新型涉及气体压缩制造技术领域，具体涉及一种节能压缩空气装置。

背景技术

压缩空气，即被外力压缩的空气。空气具有可压缩性，经空气压缩机做机械功使本身体积缩小、压力提高后的空气叫压缩空气。压缩空气是一种重要的动力源。与其它能源比，它具有下列明显的特点：清晰透明，输送方便，没有特殊的有害性能，没有起火危险，不怕超负荷，能在许多不利环境下工作，空气在地面上到处都有，取之不尽。压缩空气是仅次于电力的第二大动力能源，又是具有多种用途的工艺气源。

压缩空气是工业领域非常常用的动力来源，压缩空气的获得大部分是通过空压机获得，也有少数通过液体气化获得。空压机制备压缩空气通常效率低、噪音大，耗能多，尤其大型空压机工作产生的温度比较高，需要散热，否则将大大影响储气罐的储存效率，目前技术没有充分利用这部分能量。通过液体气化获得压缩空气方法需要换热装置，需要补充热量，甚至需要升温至常温，由超低温升温至常温的过程复杂，成本大。

专利内容

针对现有技术上存在的不足，本实用新型提供一种耗能减少、装置简单、供气量大、无噪声、成本大幅降低的节能压缩空气装置。

本实用新型利用科恩达效应原理，在传统装置基础上设置射流引流器、气体混合引流器，利用少量液态空气气化产生少量高压压缩空气，用少量高压压缩空气形成 10 ~ 100 倍的高流量压缩空气，耗能少、装置简单、供气量大、无噪声、成本也大幅降低。

原理如下：液态空气储罐 1 里的低温液态空气通过高压超低温液体泵 2 以 5 ~ 30MPa 的压力输入射流引流器 3，同时通过射流回气管 24 吸入高温的空气混合，形成超低温高压气液混合物；所得的超低温高压气液混合物经过超低温高压气液管路 4 进入气源高压气化器 5 吸收热量后气化形成高压常温气体；所得的高压常温气体达到设定压力后，通过高压输气管 8 上的泄压单向阀 15 输入气体混合引流器 9，通过科恩达效应使得过滤干燥的空气经过气体换热补焓装置升温补焓后形成高流量气体进入储气罐 18 待用；部分经过升温补焓的空气输入射流回气管 24，与低温液态空气混合，再形成超低温高压气液混合物，使得制备过程连续进行。

应用价值和意义

压缩空气是工业领域重要的动力来源，专利提供的一种耗能减少、装置简单、供气量大、无噪声的节能压缩空气装置，、将大幅降低压缩空气的制备成本。

二、一种自循环蒸发换热器

专利摘要

本实用新型涉及一种热交换设备制造技术领域，具体涉及一种自循环蒸发换热器。其包括蒸发器，蒸发器顶部设置射流引流器，射流引流器与工质输入管相连，所述的蒸发器内设置若干换热管，换热管两端设置栅板，所述的蒸发器底部设置储液罐，储液罐与换热管之间设置工质输出口，循环管路一端与储液罐相连，另一端与射流引流器相连。本实用新型将流体力学科恩达效应用于蒸发器，利用流体的动能带动蒸发换热器内部的工质循环流动起来，使得热交换均匀，提高换热效率。内循环会使得热交换效率大大提高、没有外部能源消耗，不存在额外的设备连接和密封问题，蒸发器底部的储液罐还带有低压储液的功能。

技术领域

本实用新型涉及一种热交换设备制造技术领域，具体涉及一种自循环蒸发换热器。

背景技术

换热器是将热流体的部分热量传递给冷流体，使流体温度达到工艺流程规定的指标的热量交换设备，又称热交换器。换热器作为传热设备被广泛用于锅炉暖通领域，随着节能技术的飞速发展，换热器的种类越来越多。

热交换设备中工质流动是一次性的，工质从入口进去，从出口出来，介质和换热器的接触不完全充分，通常，换热效率只有80% ~ 90%，热利用率较低，热损耗大。目前也有使用降膜换热器，其传热效率较高，但其缺点是需要借助外部设备，比如需要循环泵提供动能，这就使得能耗增加、消耗更多电能，系统对密封性的要求较高，容易发生泄漏问题。

专利内容

针对现有技术上存在的不足，本实用新型提供一种内部流动性好、热交换效率高、没有外部能源消耗、不存在额外设备连接及密封问题、换热均匀、带有低压储液罐功能的自循环蒸发换热器。

为了实现上述目的，本实用新型是通过如下的技术方案来实现：

一种自循环蒸发换热器，包括蒸发器，所述蒸发器顶部设置有射流引流器，所述射流引流器与工质输入管相连，所述的蒸发器内设置有若干换热管，所述换热管两端设置栅板，所述的蒸发器底部设置有储液罐，所述储液罐与换热管之间设置工质输出口；所述循环管路一端与储液罐相连，其另一端与射流引流器相连。上述的一种自循环蒸发换热器，其所述的射流引流器设置在蒸发器外的顶部或蒸发器内的顶部。 射流引流器设置在蒸发器内部，连接管路也设置于蒸发器内部，可以降低密封性的要求。

本实用新型将流体力学科恩达效应用于蒸发器，利用流体的动能带动蒸发换热器内部的工质循环流动起来，使得热交换均匀，提高换热效率。内循环会使得热交换效率大大提高、没有外部能源消耗，不存在额外的设备连接和密封问题，蒸发器底部的储液罐还带有低压储液的功能。

对于液态工质输入、气态工质输出的蒸发换热器（如空调蒸发器），还具有一定液态工质雾化的效果，有助于蒸发换热；对于始终处于液态工作的换热器（如汽车散热器），在工质部分缺乏的状态下也能充分利用换热器，均匀换热。

应用价值和意义

本实用新型将流体力学科恩达效应用于蒸发器，利用流体的动能带动蒸发换热器内部的工质循环流动起来，使得热交换均匀，提高换热效率。内循环会使得热交换效率大大提高、没有外部能源消耗，不存在额外的设备连接和密封问题，蒸发器底部的储液罐还带有低压储液的功能。

三、热泡增压喷液嘴

专利摘要

该热泡增压喷液嘴，包括：壳体、喷嘴、电接头、液嘴和热泡增压装置。该装置结构简单、能耗较低、可靠性高、温度适应范围广，可以迅速的将较低压力的液体以较高的压力进行喷射。

技术领域

本发明属于液体喷射技术领域，具体涉及到一种热泡增压喷液嘴。

背景技术

现有的压燃式动力机，通过高压缩比将气缸内的气体压缩至其体积的十五分之一到二十分之一，压缩到终点后，高压气体的温度升高至超过喷射液体的燃点，喷液嘴将液体以尽可能高的压力和尽可能细的雾化颗粒喷射出去，与压缩的高温高压空气充分混合燃烧，由于压缩高压气体的温度已经超过了液体的燃点，故而液体可以及时充分的燃烧，从而受热膨胀，压力急剧升高，推动活塞进行做功。因此，喷液嘴喷雾的效果越好，与压缩空气的混合越充分，则液体的燃烧越彻底。而喷液嘴的喷雾效果则由喷出的压力决定，只有较高的压力才能喷射出更细致的雾气。

为了增压现有技术中有高压共轨技术，通过不同管路把超高压的压路一个一个连接到喷液嘴上，然而整个过程管路长、环节多、压力不容易保持，造成了装置结构复杂、体积庞大，且传输过程中风险较大。

目前市场上广泛使用的喷液嘴，都是采用简单的电磁阀，当电磁线圈通电时，产生吸力，衔铁运动带动针阀被吸起，从而打开喷孔，液体经针阀头部的轴针与喷孔之间的环形间隙高速喷出，形成雾状，这种喷嘴不具有增压功能，只能实现低压的喷射，难以提高喷雾的效果。而现有的具有增压功能的喷液嘴，存在着体积比较庞大、结构较为复杂、生产成本较高，维护较为困难等技术问题。

现有技术中还存在一类膨胀机，和压燃式动力机的工作原理相似，是将超低温液态空气喷入缸体，液态空气和压缩后的高温气体混合充分，立即气化膨胀，开始做功，但是其也存在超低温传输、超低温环境下喷射、传输过程中绝热保护较为困难等诸多问题，且系统的结构也较为复杂。

专利内容

目前市场上广泛使用的喷液嘴，都是采用简单的电磁阀，当电磁线圈通电时，产生吸力，衔铁运动带动针阀被吸起，从而打开喷孔，液体经针阀头部的轴针与喷孔之间的环形间隙高速喷出，形成雾状，这种喷嘴不具有增压功能，只能实现低压的喷射，难以提高喷雾的效果。而现有的具有增压功能的喷液嘴，存在着体积比较庞大、结构较为复杂、生产成本较高，维护较为困难等技术问题。

本发明提出了一种结构简单、能耗较低、可靠性高、温度适应范围广的热泡增压式喷液嘴，可以迅速的将较低压力的液体以较高的压力进行喷射。该喷液嘴可以广泛的应用于压燃式动力装置或类似的膨胀机。

应用价值和意义

1. 本发明结构简单，将复杂的高压机械运动简化，通过气体膨胀产生高压，且能耗低，体积小，兼容性高，几乎不改变原有的机械系统。

2. 本发明对输入的基础压力要求不高，适用性强，可以根据两个单向阀的设计压力决定出入口压力，也就是根据两个复位弹簧弹力的不同决定输入的最低压力和输出的最低压力。

3. 本发明由于在液路外采用了绝热保温层，其将液路内的液体和壳体完全隔开，避免壳体将热量传递给液路，造成低温液体的气化，因此可以适用于温度较低的液体喷射，如液氮、液态空气等。

4. 本发明由于采用了在喷液管的不同高度位置处设置多个加热装置，从而可以根据需要，利用电接头选择不同的加热装置进行加热，从而方便控制需要喷出的液体量，调节简单方便。

四、建筑物中节能减排能量综合利用系统

专利摘要

本实用新型公开了一种建筑物中节能减排能量综合利用系统。所述系统包括：蓄热池、热源供给循环管道、供热装置；由于通过热源供给循环管道中的热水可以向各个需要热量的家用设备直接输出热能，通过冷源供给循环管道中的冷水可以向各个需要冷量的家用设备输出冷量、回收热能，使得建筑物内各种生活环境的热量得以充分调剂、回收利用，能大大节省能源消耗。

技术领域

本实用新型涉及节能减排技术，尤其涉及一种建筑物中节能减排能量综合利用系统。

背景技术

近些年随着经济的发展，节能、环保的问题也越来越突出。例如，在夏季许多家庭、宾馆为了保持室内的舒适度，一般都会开启空调，对室内温度进行降温。然而，空调机在开启后，虽然让室内温度得到了降低，热量排放到户外，不利于室外环境且造成能量浪费。又如家用热水器无论采用电热或者燃气都要消耗能量，没有能利用好夏季空调排放的热能、家用冰箱后背板排放的热能、厨房排烟道抽油烟机排出热气的能量。很多家电有的需要排放热能、有的需要吸收热量工作，另外很多加热装置、设备、机器资源浪费、重复。比如常见一个家庭有好几个空调室外机，造成材料、金属等物质浪费，也影响城市美观。

在楼宇系统中由于用户多而集中，这个问题则更加突出，导致能量、物资浪费消耗很大，且向外界排放热量也非常大，也是形成城市热岛效应的一个重要因素。因此，目前存在一种能够解决建筑物、楼宇中能源回收、综合利用，实现节能减排热回收的系统需求。

专利内容

本实用新型实施例提供了一种建筑物中节能减排能量综合利用系统，用以综合调节建筑内热量供应和充分回收利用，节约能源。

根据本实用新型的一个方面，提供了一种建筑物中节能减排能量综合利用系统，包括：蓄热池、热源供给循环管道、供热装置；

其中，所述蓄热池中蓄有热的热传导媒介，所述蓄热池的出水口与所述热源供给循环管道的进水口相连，所述蓄热池的进水口与所述热源供给循环管道的出水口相连，所述蓄热池中的热传导媒介经所述蓄热池的出水口流入所述热源供给循环管道后又回流到所述蓄热池；

所述热源供给循环管道铺设于所述建筑物中，并通向所述建筑物中具有热需求的房间；

所述供热装置设置于所述具有热需求的房间中，并与所述热源供给循环管道中的热传导媒介具有热交换接触，用以在制热过程中利用所述热源供给循环管道中的热水的热量。

进一步，所述系统还包括：蓄冷池、冷源供给循环管道、供冷热回收装置；

所述蓄冷池中蓄有冷的热传导媒介；所述蓄冷池的出水口与所述冷源供给循环管道相通，所述蓄冷池的进水口与所述冷源供给循环管道的出水口相连，所述蓄冷池中的热传导媒介流入所述冷源供给循环管道后又回流到所述蓄冷池；

所述冷源供给循环管道铺设于所述建筑物中，并通向所述建筑物中具有冷需求的房间；

所述供冷热回收装置设置于所述具有冷需求的房间中，并与所述冷源供给循环管道中的热传导媒介具有热交换接触，用以在制冷过程中利用所述冷源供给循环管道中的热传导媒介的冷量。

应用价值和意义

本实用新型实施例提供的建筑物中节能减排能量综合利用系统中，热源供给循环管道中的热水可以向各个需要热量的家电设备直接输出热能，使得废热得以充分利用。热泵、换热式热水器、地暖系统等

在吸收了热源供给循环管道中水的热量后可以输出可供利用的热量。

此外，本实用新型实施例提供的建筑物中节能减排能量综合利用系统中，冷源供给循环管道中的冷水可以为建筑物中的电冰箱、冷冻柜等供冷热回收装置提供冷量，从而在制冷过程中实现热量回收，实现能源节约。

五、热泵补热升温式高效换热器

专利摘要

本实用新型的热泵补热升温式高效换热器结构简单、通过换热器将热源水中热量初步传递给目标水，再通过从蒸发器进入到冷凝器的气体凝结成为液体，放出热量再次加热目标水，提高目标水温度，从而提高目标水的可利用效果，并且降低了能耗。

技术领域

本实用新型涉及换热器，特别是涉及热泵补热升温式高效换热器。

背景技术

本实用新型公开了热泵补热升温式高效换热器，其包括换热器、蒸发器、冷凝器、真空泵、水泵，所述换热器设置有热源水入口、目标水入口，换热器下部设置有热源水排出管、目标水排出管，所述蒸发器内部上方设置有喷淋装置，所述蒸发器上方设置有补水装置，所述冷凝器上部设置有去氧器。

换热器是将热流体的部分热量传递给冷流体的设备，又称热交换器。换热器是化工、石油、动力、食品及其它许多工业部门的通用设备，在生产中占有重要地位。在供热领域中常常通过回收废弃热源作为加热热源，对目标进行加热，然后再通过目标水对热量进行利用。由于目前换热器效率所限，如果废弃热源温度不高，则通过其加热得到的目标水温度也会比较低，而目标水往往经历比较远的传送后才能被用来供暖，因此在传递过程中还会损耗一部分热量，从而无法提供足够热量而限制了其用途。

虽然通过改变换热器结构来改善换热器效率，从而提高目标水的温度，但是目标水温度和热源水温度越接近，提高目标水温度越困难，并且为了改善换热器效率通常使用更加薄的金属换热片，从而使得换热器容易在水的长期浸泡下腐蚀漏水，降低了换热器使用寿命。而如果直接通过热泵进行热交换，虽然能够提高目标水的最终温度，但是由于其升温过程所有温度提升都需要热泵传递热量，则需要额外的能量过高导致能量效率下降。

专利内容

本实用新型是为了解决现有技术中的不足而完成的，本实用新型的目的是提供结构简单、可以充分利用废热液、回收热水、空气源热水、太阳能热水作为加热源的换热器，先通过直接热交换进行一次加热，然后通过热泵技术二次补热，使得目标水温度再次提高，从而能够更加适用于各种加热用途，克服现有技术中换热器效率低下的缺陷、换热目标输出始终低于原始热源的缺点。

本实用新型的热泵补热升温式高效换热器，包括换热器、蒸发器、冷凝器、真空泵、水泵，所述换热器设置有热源水入口、目标水入口、热源水排出管、目标水排出管，所述蒸发器内部上方设置有喷淋装置，所述冷凝器上部设置有去氧器。

本实用新型的热泵补热升温式高效换热器，相对于现有技术而言具有的优点是结构简单、可以充分利用废热液、回收热水、空气源热水、太阳能热水作为加热源的换热器，并通过热泵技术二次补热，使得目标水温度再次提高，从而能够更加适用于各种加热用途，克服现有技术中换热器效率低下、换热目标输出始终低于原始热源的缺点。

应用价值和意义

本实用新型的技术方案由于先通过直接热交换进行一次加热，然后通过热泵技术二次补热，使得目标水温度再次提高，达到了在低能耗的条件下有效提高目标水的温度，使其更加适用于各种加热用途的技术效果，克服了现有技术中换热器效率低下的缺陷、换热目标输出始终低于原始热源的缺点。

第八节　节能减排专利清单

序号	名称	申请号 / 专利号
1	综合制热制冷节能装置和系统	2012100234170
2	能量综合利用系统	2012100234293
3	余热回收利用炉灶系统	2012100234611
4	基于半导体热电效应的灶厨具	2012100266256
5	废余热回收利用系统	2012100385325
6	一种温差发电系统	2012101181518
7	吸收式制冷系统及其制冷方法	2012101763701
8	建筑物中节能减排能量综合利用系统	2012102219828
9	热气源半导体热泵加热器及利用其进行加热的方法	2012102324769
10	热液源半导体热泵加热器及利用其进行加热的方法	2012102321239
11	一种利用流体升力浮力的发电装置	2012102376072
12	热水源节能超声波洗碗机及用该装置清洗厨房用具的方法	2012102541718
13	低温热源高效吸收式制冷机及其制冷方法	2012102827077
14	一种节能型超声波洗碗机	2012102882553
15	改进型凝汽式汽轮发电机及其发电方法	2012105446560
16	伪沸腾节能灶具及利用其进行加热的方法	2012105472936
17	热泵补热升温式高效换热器及利用其进行换热的方法	2012105736027
18	改进型凝汽式热泵辅助冷却汽轮发电系统及其发电方法	2012105499591
19	改进型热泵辅助凝汽冷却发电系统及其发电方法	2012105489890
20	真空排气热量加热的装置和方法及热量再回收利用的方法	2012105526828
21	回收蒸汽的高效热泵厨具及其蒸汽热量回收的方法	2012103772921
22	电磁式组合节流装置及使用该装置的分级控制方法	201210378892X
23	改进型吸收式热泵型抽气式汽轮发电系统及其发电方法	2012103789227
24	改进真空排气热泵型汽轮发点系统及其发电方法	2012103808514
25	利用回收热能制冷制热的吸收式制冷机及其制冷制热的方法	2012103789231
26	热泵负压高效烘干机及其烘干方法	2012105532814
27	一种内置发电装置的吸收式制冷系统	2012102713517

28	热回收升温进排风系统	2013103457476
29	浮力动力装置和动力输出方法	201310200660X
30	热泵电汽水锅炉	2013106961760
31	热泵电蒸汽锅炉	2013106885860
32	真空压缩高温锅炉	201310686069X
33	一种液态空气助力冲压喷气发动机	2014100460293
34	一种高效烟气热回收装置	2014100126866
35	采用燃料和液态气体的混合动力装置、系统及动力输出构建方法	2014100194100
36	采用燃料液态空气直喷混合动力装置	2014100186392
37	热泡增压喷液嘴	2014100225912
38	微型脉动液体泵	2014100225575
40	涡轮喷气发动机及其工作中混合液态气体的方法	2014100225787
41	液态气体加力喷气发动机及实现喷气飞机加力飞行的方法	2014100225378
42	自增压喷油嘴	201410022540x
43	一种液态空气混合动力的火箭发动机方法及设备	2014100483312
44	一种液态空气加力助推火箭发动机设备及方法	2014100541248
45	一种低温混合动力燃气轮机及工作方法	2014100799512
46	一种自循环蒸发换热器	2014100799527
47	一种液态空气工质环境热动力气轮机及工作方法	2014100799531
48	一种新型节能压缩空气装置及其制备方法	201410085476X
50	一种液态空气发电装置及工作方法	201410085490X
51	一种新型火力发电系统及工作方法	2014100856657
52	一种高效储能发电方法和系统	2014100998713
53	一种数据中心液态空气制冷发电装置及工作方法	2014101571414
54	一种新型蒸汽动力循环装置及工作方法	201410173780X
55	一种蒸汽乏汽再生的装置及工作方法	201410180137X
56	一种提高空压机效率的装置及其方法	2014101801401
57	一种燃气锅炉用有焰燃烧器	2013200604924
58	一种锅炉用除盐系统	2013200591411

第三章　创新盈利模式

技术转移、技术孵化貌似一个很赚钱的事业，而现实是遍布全国数不清的科技园、孵化器、交易平台、转化中心，进入中国500强的有哪一个？成为上市企业的有哪一个？这些服务于技术转化的概念，许多成了某些企业利用政府扶持资金、扶持政策的工具，成了圈地做科技地产、商业地产的噱头。为什么没有一个能做好、做强、做大？看似偶然的现象，一定存在其中的必然性。必须系统的进行重新分析，进行技术转化过程的盈利模式创新，才有可能趟出一条成功的道路，让技术的价值通过市场的应用，发挥出推动生产力发展的巨大作用，企业获得应有的巨额回报。

第一节　对创新的再理解

创造是从无到有，创造是科学发展的结果，是技术领域的概念，是技术进步，非市场推动；也是对未知世界的探索，不确定性大、风险大；

创新是从有到用，创新是技术应用的结果，是经济领域的概念，是经济发展，由市场推动；是对成熟技术成果的举一反三应用实现，结果能预见，风险小；

创造讲求学术成果、理论进步、和现实生活结合不紧密，对未来意义可能更大；创新讲求经济效益和社会效益，和现实生活结合紧密，社会价值和经济效益立竿见影！

创新的手段不胜枚举，人们都早已习以为常、熟视无睹了，如：古为今用、洋为中用；它山之石可以攻玉；照猫画虎，依葫芦画瓢；改革开放以来，我们创新成绩比比皆是、随处可见、日新月异；创造的成绩则不及创新的九牛一毛。

虽然缺少中国创造，但是中国的创新到处都有，成绩斐然。没有中国创新，就没有改革开放 30 年的成绩，就没有中国的汽车、飞机、高铁、家用电器等等，没有我们现在的生活！

大家公认日本的技术、韩国的技术不是世界一流，比欧洲落后，但是他们是世界一流的创新国家，经济发展成绩有目共睹！韩国三星、韩国现代，技术不是一流，很多是模仿基础上的改进，但是照样世界一流创新，产生一流的经济奇迹！

本文提出，创新，无论从政治理论到社会实践，都是人类日常工作中最重要的发展、进步手段，必须得到更多的重视。我们现在有科

学院、工程院以及大量的科研单位，这些更倾向于创造工作，而大量不需要高水平科技技术的创新应用，往往来自于民间，来自于生产、生活的具体实践中，这些创新专家、创新学士、创新博士、创新院士往往没有高职称、高学历，但是给社会的贡献巨大，应该给他们应有的社会地位和荣誉，赋予他们应得的创新荣誉、地位的衡量标准很简单，就是看他的创新对社会的实际贡献、具体经济价值！应该成立一个民营体制的创新研究院！

第二节　对专利的再理解

专利和标准不能成为社会发展的阻力、门槛；而应该起到指导和规范的作用，减少生产环节的浪费，提高生产的效率，更好的利用社会资源，促进生产力发展，让“蛋糕”越来越多、越来越大，资本膨胀。实现的是正能量，服务于人类社会的进步！在我国要能体现的是社会主义的优越性，社会制度的先进性，中国共产党的先进性！

标准和专利只是一个苗，能否成材还要靠金融、资本经营、市场转化，不能靠技术垄断，要发挥的是先发优势、市场优势、效率优势、成本优势，靠发起标准、拥有专利技术来吸引资金、土地、合作伙伴，让技术优势变为资金实力优势、规模优势、资源优势、竞争综合优势，实现高收益、长期回报。

现在中国的专利行业出现一些怪现象，“专利数量多、专利失效多、专利转化少”。这些问题和政府政策导向很有关系。政府鼓励企业申报专利，企业很多情况下必须拿出专利，拿不出怎么办？去买。买成品，也包括“半成品”；个人晋级、评职称也要拿出专利，当然最简单的办法就是去买，买成品，也当然包括“半成品”再冠上自己的名字。

为什么有人愿意出让专利，而不愿意靠专利转化换取更多利益呢？因为他们知道自己的“专利”本来一文不值；买专利的人也没打算用买来的专利，也没指望有什么价值。这些专利“发明人”是一批整天盯着已有专利、快过期专利做文章的职业“专利人”。简单一点的就盯着快被放弃的专利，收购、转让获利；有点技术的人就是针对现有的专利进行“发明”，抓住专利申报必须具有的新颖性、创造性、

实用性做文章，闭门造车，不断生产一批又一批专利局一定能授权、不得不授权的“新专利”！这些专利和市场需求几乎无关，主要是满足特殊的“专利市场”需求。这些情况知识产权有关部门也了解，但是很难界定处理，没有办法驳回。

因此，专利能否转化的根本是取决于专利的价值！其次才是克服转化过程的困难。绝大多数专利没有市场价值，连“发明人”都不想去转化，用完它的本来的“滥竽充数”价值之后，当然没有必要继续维持，哪怕只有每年几百元，也都不值得交，让它过期失效。改变这个“两高一少”的问题的关键，是改变政府导向，把追求专利数量改为追求专利质量，改为对专利转化率的追求，最终应该增加专利的社会价值、经济价值正向激励，让市场来推动专利工作朝正确的方向发展、推动有价值专利的诞生和转化落地工作。

需要专利的企业也要了解专利的实际情况，透过现象看本质，百里挑一、万里挑一找有价值的专利，再用这些专利在市场上做创新的文章！

第三节　对团队的再理解

现在很多决定项目未来的关键人物都重视所谓的“团队”，好像没有团队就什么也干不了。其实团队是干什么的？是干系统工作、成熟工作、非创造性创新性工作的。

比如作家、画家、艺术家、律师、理发师等，都是在利用人人都可能获得的资源，运用个人的创造、创新能力做出别人做不到的个性化的成绩，他们的团队作用大吗？“三个臭皮匠赛过诸葛亮”真的可以吗？事实是“三个周瑜”也不一定赛过诸葛亮的谋略，但是论刀法和武功，三个诸葛亮可能打不过一个士兵，更别说一个训练有素的团队。

创造、创新就主要是一个人的成绩，对于创新工作，主要靠关键的一个人，其他人可以给他照顾生活、协助社交、联系外包等等，绝对无法替代他的思想和创新能力。考察一个创新项目，主要应考察创新者个人的能力，而不是所谓团队。创新转移实施所需要的具体工作，包括团队和硬件条件都可以后期组合配备，采用合理的体制机制整合出来，而最终的核心、灵魂人物的作用是关键和不可替代的。

第四节　技术盈利的模式创新

创新是经济领域的概念，创新的成果就是经济效益和社会效益！创新的抓手可能是某些成熟技术，创新的经济价值实现则必须满足和符合经济发展的基本规律。

经济领域里面有一条铁律“规模经济才能带来规模效益”，要想谈效益，必须上规模，必须靠近上规模的产业，运用有规模的手段，才有可能获得可观的效益。可以看到，以前所有的转移平台、孵化器、技术服务企业，都是重视所谓转让费、服务费、代办费、租赁费、评估费等等，这类费用首先属于个人劳动换取的成果，企业不能剥削，没有利润空间；其次，规模实在太小，离规模经济差远了，怎么可能赚钱？赚大钱？不可能有前途！

我们国家第一产业农业规模最小，第二产业工业规模居中，第三产业规模最大。第三产业中也大致可以分为两类，一类是小而多的基于劳动力密集型的产业，一类是少而大的规模化的资金、资源密集型产业。它的顶端行业就是地产、矿产、豪车、奢侈品、金融。

本文认为创新实践要想获得最大化的经济效益和社会效益，必须和金融、地产紧密结合、有机结合。创新项目本身也是金融和地产需要的载体和噱头，两者相辅相成。没有创新项目，金融投资、资本运作没有方向；没有创新项目，政府不愿意合作，没有获得土地的理由。技术创新型企业理想经营模式应该是：创新项目做载体、资本经营是龙头、科技地产为后盾！

第四章　天使资金来源

技术研究和技术转化，即便是创新技术，依然存在着较大的风险，对于一个市场经济下的企业凭自己单薄的财力、少量的净利润，没有能力承担、更不应该承担这样的风险！必须采用某种方式规避风险。最市场化的可以承担风险的投资模式就是天使投资。因此，为了有助于创新技术的有效转化，必须仔细研究一下天使投资。

相信阅读本书的人也包括一些想进行投资的人，通过下面的文字，也给他们提供一些“内幕”，让他们根据自己的实际情况，准确定位自己，如果可能，适度参与到天使投资行业，正确操作天使投资，也许能给他带来意外的收获！

第一节　天使投资

天使投资（Angel Investment）最早起源于19世纪的美国，是权益资本投资的一种形式，通常指自由投资者或非正式风险投资机构对具有专门技术或独特概念，且具有巨大发展潜力的原创项目或小型初创企业进行的一次性的前期投资。它是风险投资的一种形式，可以是资金投资，也可以是用被投资企业需要的综合资源实现投资。多属于一种自发而又分散的民间投资方式。

天使投资一词源于纽约百老汇，特指富人出资资助一些具有社会意义演出的公益行为。对于那些充满理想的演员来说，这些赞助者就像天使一样从天而降，使他们的美好理想变为现实。后来，天使投资被引申为一种对高风险、高收益的新兴企业的早期投资。相应地，这些进行投资的富人就被称为投资天使、商业天使、天使投资者或天使投资家。那些用于投资的资本就叫天使资本。

天使投资在美国还有个别称叫“3F”投资，即Family，Friends，fools（家人、好友、傻瓜），意思就是，要支持创业，首先要靠一群家人、好友和傻瓜！也就是圈子内基于信任、成败并不太重要的投资。

天使投资也是风险投资的一种特殊形式，是对于高风险、高收益的初创企业的第一笔投资。一般来说，一个公司从初创到稳定成长期，需要三轮投资，第一轮投资大多是来自个人的天使投资作为公司的启动资金；第二轮投资往往会有风险投资机构进入为产品的市场化注入资金；而最后一轮则基本是上市前的融资，来自于大型风险投资机构或私募基金。

天使投资和机构风险投资一起构成了美国的风险投资产业。自

2000 年以来，中国的风险投资快速发展，但绝大多数投资公司喜欢选择短、平、快的项目，因此比较成熟的大型项目（如接近上市的公司）融资相对容易。但风险系数相对高，更需要全方位的扶持的初创项目和创业型企业则较难获得支持，准确的说，他们不是真正的天使投资。

第二节　天使投资人

天使投资人又称为投资天使（Business Angel）。通常是指投资于非常年轻的公司以帮助这些公司迅速启动的投资人。在风险投资领域，“天使”这个词指的是企业家的第一批投资人，这些投资人在公司产品和业务成型之前就把资金投入进来。

“天使”这个名词，是新罕布什尔大学商学院教授、美国风险投资研究所的创始人 W. Wetzel 在 1978 年首先开始使用的。天使投资和风险投资的主要区别在于，天使投资者大多在申请天使投资的人士具有明确市场计划时就已经开始投资了，而这些市场计划或想法暂时不为风险投资公司所接受。

天使投资人通常是创业企业家的朋友、亲戚或商业伙伴，由于他们对该企业家的能力和创意深信不疑，因而愿意在业务远未开展进来之前就向该企业家投入资金、资源，一笔典型的天使投资往往只是区区几万、几十万美元，是风险资本家随后可能投入资金的零头。

第三节　天使投资与风险投资

天使投资（Angel Capital）是自由投资者或非正式风险投资机构，对原创项目构思或小型初创企业进行的一次性的前期投资。天使投资虽是风险投资的一种，但两者有着较大差别。天使投资其资金来源大多是民间资本，而非专业的风险投资商。

天使投资的门槛较低，有时即便是一个创业构思，只要有发展潜力，就能获得资金，而风险投资一般对这些尚未诞生或嗷嗷待哺的“婴儿”兴趣不大。对刚刚起步的创业者来说，既吃不了银行贷款的“大米饭”，又沾不了风险投资“维生素”的光，在这种情况下，只能靠天使投资的“婴儿奶粉”来吸收营养并茁壮成长。

对此，投资专家有一个比喻：如果对一个学生投资，私募股权投资着眼于大学生，风险投资机构青睐中学生，而天使投资者则培育萌芽阶段的小学生。

通常天使投资对回报的期望值并不是很高，如果说有，也只有10到20倍的回报才足够吸引他们，这是因为，他们决定出手投资时，往往在一个行业同时投资10个项目，最终只有一两个项目可能获得成功，只有用这种方式，天使投资人才能分担风险。其特征如下：

1. 天使投资的金额一般较小，而且是一次性投入，它对风险企业的审查也并不严格。它更多地是基于投资人的主观判断或者是由个人的好恶所决定的。通常天使投资是由一个人或单个团体组织投资，并且是见好就收。是个体或者小型的商业行为。

2. 很多天使投资人本身是企业家，了解创业者面对的难处，投资带有感情色彩。天使投资人是起步公司的最佳融资对象。

3. 他们不一定是百万富翁或高收入人士。天使投资人可能是您的邻居、家庭成员、朋友、公司伙伴、供货商或任何愿意投资公司的人士或他们组成的团体组织。

4. 天使投资人不但可以带来资金，同时也带来联系网络、经验、物资、场地、人工等。如果他们是知名人士，也可提高公司的信誉。

天使投资往往是一种参与性投资，也被称为增值型投资。投资后，天使投资家往往积极参与被投企业战略决策和战略设计；为被投企业提供咨询服务；帮助被投企业招聘管理人员；协助公关；设计推出渠道和组织企业推出；等等。然而，不同的天使投资家对投资后管理的态度不同。一些天使投资及积极参与投资后管理，而另一些天使投资家则不然。

天使投资才是创新技术转化的主要资金来源，其它资金在投资属性、决策机制、风险控制等方面决定几乎没有参与的可能！

第四节　天使投资种类

在美国项目的投资量的大小可以供参考选择天使投资的种类，其种类包括：

1. 支票天使——他们相对缺乏企业经验，仅仅是出资，而且投资额较小，每个投资案约 1 ～ 2.5 万美元；

2. 增值天使——他们较有经验并参与被投资企业的运作，投资额也较大，约 5 ～ 25 万美元；

3. 超级天使——他们往往是具有成功经验的企业家，对新企业提供独到的支持，每个案的投资额相对较大，在 10 万美元以上。

根据具体的所有的拿到的项目资金选择合理的对象，这是很关键的。

第五节　天使投资在中国

中国投资界曾经有过这样一个形象的比喻：风险投资是看一盘菜，这盘菜好买单拿下，不好就不要了。而成熟的天使投资人会说，这个菜不错，但是缺了两个辣椒，配两块豆腐。这个菜谁来配呢？天使来配。天使会说，这盘菜不错，但是大厨不好，我们找一个大厨，或者说大厨不错，菜不是那样的，我们再烧一烧。

据清科集团提供的数据，由于看好中国市场，风险投资大规模涌入中国，2008 年上半年，中、后期风险投资共募集资金 493.02 亿美元，比 2007 年同期增长 190%，有 348 家企业获得了中、后期风险投资，投资总额达 73.83 亿美元，比 2007 年同期增长 50%. 可与此同时，天使投资却难觅身影。从 2006 年数据来看，国内天使投资的规模大约仅在 5 ~ 10 亿人民币之间。相比之下，虽然风险投资在中国已经做得风生水起，但天使投资却身影寥寥。

中国存在天使投资者，但缺乏专业性。在中国，随着经济的发展，一部分富人在希望自己越来越富有的同时也在寻求挑战。有人选择股市，也有人选择充当天使投资者，即使他们并不熟悉这个名词。

总的来说，中国的天使投资仍没有太大的起色。其中一个原因在于传统的储蓄观念支配着人们的行为，不管有多少钱，总是认为将它存入银行是最保险的增值方法，即使它的实际利率为负。难怪在 2008 年的一次风险投资会议上，中国风险投资界人士断言，国内天使投资要想真正达到一定的规模，估计至少需要十年时间。业界人士说，与美国的情况相对应的是，在中国，天使投资作为一个产业链还没有形成。

第六节　天使投资资本来源

所谓的天使投资是一种概念，所有有闲钱愿意做主业外投资的公司或个人都可以叫天使投资者，他们更多参与早期容易参与的项目，也有天使敢于投资大项目。

当前，中国的民间资本中仅居民储蓄存款一项就超过了1万亿元，表明中国存在大量潜在的天使投资人。目前，中国缺少专业的天使投资家。专业的天使投资家需要拥有丰富的管理经验、强大的人脉、独到的慧眼、闲置资金或资源。中国哪些人符合这些条件呢？也就是说天使资本主要有哪些：

1. 传统意义上的富翁

如有大笔闲置资金的前企业家、矿主、拆迁户等；也包括一些曾经的创业者、淘金者，现在是成功的企业家的群体。

2. 高级白领、金领的群体

大型高科技公司或跨国公司的高级管理者，也就是事业有成生活富裕的白领、金领群体。他们也具有收入稳定、发展趋势良好，基本生活居住解决，未来自己和家人生活保障也安排好，有更多闲置资金用于创新、开拓。

3. 艺术家、表演家、作家群体

有些事业有成且生活稳定的具有创作能力的艺术家、表演家、作家，他们有了一定能力，个人和作品有不断创造价值的能力需要机会实现，同时也需要创新个人价值实现的方式和模式，让个人财富增值速度加倍，进一步帮助自己的社会地位、作品价值、行业威望进一步提高。我们现在还在创新一种采用他们的创作作品开展天使投资的文化艺术与创新科技结合的天使投资基金模式，发起人利用各方的资源，照顾了各方的切身利益，实现了资源整合利用，合作互助，共赢发展！

4. 退休赋闲的社会群体

他们衣食无忧，拥有丰富的历史经验、广泛的人脉、大量的时间、一定的闲置积蓄资金，通过天使投资，可以满足自己的人生价值实现，发挥余热，丰富人生。他们可以用“天使投资家”这个身份，有效利用自身多年积累的经验和资源，寻找新的挑战，拓宽自己的领域，做出更大的成绩，获得更多的社会回报。

5. 政府资金

在部分经济发展良好的国家中，政府也扮演了天使投资人的角色。但是在中国由于种种原因，短时间之内国有资金、政府资金很难深度介入，几乎都处于有钱花不出去的尴尬境地，最多也就是小额参与天使投资基金或天使投资机构。

天使投资人按照投资主体可以分为如下几种类型：富有的个体投资者、家族型投资者、天使投资联合体、合伙人投资者。

从天使投资人的背景来划分，天使投资人可以分为如下几类：管理型投资者、辅助型投资者、获利型投资者。

第七节　天使投资的五大疑问

1. 财富能增值吗?

去年接触相当多数量的私营企业家或个体老板，苦于没有投资渠道，听说天使很火，动辄在几年内赚十几倍，几十倍以上的，就问：把钱拿去做天使，能确保多少收益率和回报啊。

这事真难说，天使的，大部分应该有理想主义情结，否则就不是“天使”了！而有理想主义的人或许能创造奇迹，可是创造奇迹的概率是回答不出来的，可能全在于运气。所以用普通基金的方式去做天使，第一个受限的是募资不容易；第二个是资金盘子大不了，大了，那些钱你很难在一个合理期限内投完。

2. 投什么靠谱，怎么投?

从天使投资的定义上就应该能看出，投资就是投优秀的创业者、投有很好未来前景项目！

所谓优秀的创业者是感性的判断，基于投资人对他的交往、了解、信任、支持，不是单纯的商业行为。投资他，就是相信他的人品、相信他的专业能力、认可他为之奋斗的项目方向、坚信他有百折不挠跌倒了还要爬起来的精神，这是天使投资的根本！最大的风险只应该来自于他的健康和人身安全，一旦投资对象没有了，项目才是最大的失败。

项目的选择认可则是天使投资人的另一个重要关注点。要有自己的主心骨，不能人云亦云。对于一个本来就处于早期的项目，选择项目要看基本经济规模指标，市场空白、市场容量、发展速度、未来竞争激烈程度等，不能盲目跟风。往往政府鼓励的行业都是不赚钱的，人人都想投的都是竞争极其激烈的，越靠近那些赤手空拳就能创造奇迹的行业失败的风险就越大。

吐血奉献一句话："珍惜金钱，远离 IT！"其中"I"是信息"Information"，"T"是"Technology"，也就是凡是信息生产、加工、传输、应用的产业，都应该远离。虽然只有八个字，其中包含有规模、产业、竞争、模式、概率、历史等等很多内涵原因，只可意会不可言传，信不信由你。

3. 我的投资能卖的出去吗，谁是我的下家?

卖是一种能力，营销的能力。往往你需要和潜在接盘的 VC 有良好的互动，或形成一个圈子，他对你的人品，专业能力，专业判断产生信任。所以好的天使机构，除了团队有强的专业判断能力外，也是善于关系建设和维护的。

但是回过头来，一个好的项目就是"好女不愁嫁"，选对项目，投对创业者，让好项目成功起步，那么就是"皇帝的女儿不愁嫁"，不愁找不到后期风险投资、政府投资，天使投资可以让自己的投资"溢价"数倍，也容易找到新的资金接盘让自己的投资增值 10 倍以上，坚持到最后如果实现上市，则有可能实现百倍甚至千倍的回报。

4. 天使投资是否应该增加退出渠道?

天使投资的特点就是小额、早期、高风险，投资人感性、敢于"赌"，看中的是感情投资和可能让人"心跳"的结果！考虑稳妥的退出，那不是天使投资主要追求和能追求的结果。因此天使投资的退出机制主要是靠项目结果来体现。项目成功了，后期各种资金蜂拥而至，接盘的模式很多，获利退出非常简单；失败了，投资难得回报，只能靠其它投资项目成功来分担损失。这就是天使投资的特性。因此很难有人能设计出一个让天使投资稳妥退出、失败退出的机制。

我们现在也在创新一种退出模式，就是整合社会、政府的资金，成立一个创新研究院，依靠自身综合优势，提高对项目的判断、孵化、支持能力，用民营的机制，准确把握天使投资的精髓，利用项目、模式创新一种获利模式，吸引、带动天使投资资金集中起来，形成一个天使投资大平台，靠规模来平均投资风险、实现灵活的退出机制。

5. 天使投资是否应引入政府资本?

天使阶段尤其集中在孵化和初创期的，这么高的投资风险，从某种意义上讲，有些类似公益性质，这个时候，政府应该出面了，可以采取设立早期投资引导基金，引导社会资本参与，加大力度扶持初创企业的发展。

政府、国家，特别是一个对人民负责任的政府，它的主要任务之一就是发展生产力，“发展抓项目、改革抓企业”，有了风险谁应该上？当然是国家、政府！技术成熟了，应该让企业受益，发展壮大，创造税收。

但是实际操作方面，政府最不能承担的就是风险，这个风险不是经济风险，是这个经济问题后面的管理问题、腐败问题、政治问题、责任问题、技术问题等。在我国，政府有限的资金更容易投向已经上规模的社会效益明显的项目、投资回报期短的成熟项目、风险小且容易量化评估的应用推广项目。

政府对于天使投资，可以确定一个奖励、激励机制来鼓励天使投资发展，针对取得的社会成绩和社会贡献，用事实说话，用成绩说话，根据可以量化的指标，采用资金、资源、政策、社会荣誉等多种方式给予事后的奖励，这样既可以支持天使投资，又可以规避一系列政治经济风险。

第八节　天使投资人不能缺少的东西

做天使投资，必须具有以下若干条件，否则不应该参与，即便参与也做不好！

1. 实现财务自由：如果你投进去的钱是孩子的奶粉钱、生活费，也就很难用稳定的心态去面对被投资的项目。自己要有实力，用于投资的是自己富裕、没有压力的金钱或资源。

2. 良好的心态，天使投资就是要有一定“赌博”的心态，投资10个、20个项目，一个成功就回本，2个成功就大赚一笔。既然是赌局，就要有输得起的心态，否则别参与。

3. 基本经济知识，要懂得一些基本的经济理论。比如“规模经济才能带来规模效益”，投资一个早期项目，如果未来没有极大的市场经济总量、市场容量，怎么可能具有较大的发展空间？怎么容纳必然存在的潜在竞争对手？成功的概率当然不会高！如果嫌麻烦，那么就学会看人，看人的品格、能力，相信投资就是投人。

4. 有些创业经历：这包括发起创业与参与创业，这个过程能让你了解市场与创业团队的需求，特别是他们的困难，更客观去评估自己与项目的匹配度，能以更好、更宽容的态度对待创业团队。

5. 业内资源：如果你只是有钱，建议也可以把钱交给更有能力、能更快推动创新的其他天使投资人。俗话说就是“跟投”，还可以分散“跟投”几个天使投资人。

后面几条，都需要与可以信赖的合作伙伴一起，形成天使投资团队来实现投资。

第九节　天使投资要避免的心态

很多投资者，无论是个人还是企业，都有下面类似的一些心态，一喜欢控股，二喜欢干预和管理。

1. 喜欢控股

投资人爱控股，感觉自己的话受到重视，心理上感觉这事能掌控，其实不靠谱。尤其对于实体企业出身的老板心态更是如此。他们做天使投资控股，不靠谱！天使投资首先是投人、投创意，基础是信任，包括信任他的业务能力和沟通能力，如果你对人不满意，你就不应该投资，“疑人不透、投人不疑”。要放手让他们做，让他们感觉在给自己做，能力不可能突变，但是努力还是会持续。合理的股权比例一般是 10% ~ 30%，再多就会带来后续许多问题。

创造历来都是一个人，最多一个领头人有一两个帮手，爱迪生、诺贝尔、爱因斯坦他们是团队来创造的？书画家、小说家，他们能靠团队作画、写作实现创造？天使投资和风险投资在投资基础上有较大的差异。如果投资方控股的程度让创业者感觉这公司就不再是他的了，你想想，这个灵魂人物还会神多久呢，还谈什么持续创新吗？

2. 喜欢投后干预和管理，而不是服务

这个因素和上一个本质是相同的，就是投资人控股了或参股了，要体现自我价值，最根本的是我说话你要听，而且要听得进去。这是有问题的。必须要端正股东、合伙人、员工的不同角色，提供服务而不能越位、越权干预。即便创业者和投资人出现分歧，也要根据股

权约定，尊重创业者的意愿，保护创业者的积极性。要做一个“有眼光、有实力、有胆量”的天使投资人。

说到底，天使投资主要是基于双方的信赖，一方有资金、一方有好项目，再加上信任，才有了可能的投资合作行为。上述所说的若干种问题，显然违背了了解、信任、合作共赢、互相帮助的基础！不管采取什么方法相互制约，最后结果都已经没有没有可能改善了。一个创新项目往往经不起折腾，最珍贵的时机一旦错过，创新性不在、市场没有了，最后的结果一定是双输。

第十节　天使投资发展趋势

1. 天使 + 孵化器

天使加孵化器的模式就是指通过聚拢一批创业者，然后聘请非常懂行业的人给他们提供 3 到 4 个月的战略指导，让这一批人在一块创业，不一定在一个场地，但是会让他们常常在一起，这样有一种毕业生的情结和友情。

2. 超级天使崛起

超级天使以连续创业者和职业经理人为代表。他们的回报率远远高于其他的天使，因为他们有产品经验、人脉，还有足够的时间帮助创业者。

3. 天使机构化

近两年来，伴随着独立天使投资群体的日趋庞大，以及每年迅速增长的投资额，这个群体开始尝试更大限度地聚拢资源，从过去的个人行为逐渐向规模化、机构化、联盟化转型。

每次活动机构或联盟组织者带进一些新的团队，介绍各自的项目，天使投资人聚集在一起对项目进行评审和讨论，并发表意见，决定是否跟投以及跟投的比例。团队也许有律师、有会计，有互联网的专家，有医疗专家，这样什么项目都可以去评估，至少比一个人单打独斗，成功的概率要大一些。不过事物都有两面性，人多了，嘴杂了，理性多了，率性少了，天使的味道淡了，似乎就变成风险投资了。

第十一节　天使投资常用平台

天使投资平台，是天使投资人与创业者聚合交流的一种形式，大量的天使投资人和创业项目同时在平台出现，使得交流对象众多，是项目快速成交的好方式。

天使投资平台分为线上、线下以及两者结合的几种形式。

在线天使投资平台可以提供在线咨询、谈判、视频会议答辩，并着力开发天使投资的在线交易模式，其特点是范围广，数量大，创业者可以同一天跟上十数名甚至百名天使投资人交流，缺点是线上交流仿真度有待提高，一些创业者在线上跟线下表现不一致，使得投资人很难通过线上交流判断创业者真实能力。

线下天使投资平台实体场所，提供休闲办公的投资交流环境，使得投资人可以近距离了解创业者，也可以在同一天中多项目多投资人沟通。缺点是时间和地域限制，使得有些项目和投资人不能恰好赶上交流时间地点。

目前线上线下结合的方式比较多，随着天使投资平台的逐渐繁荣，中国的天使投资行为也必将越来越广泛，创业者和天使投资人可以选择各种合适的天使投资平台寻找自己的理想目标。互联网已赋予传统的天使投资方式以新的活力，推动着天使投资业的快速发展。

本文作者还认为，天使投资的本质是基于信任，那种而面向不确定公众的“众筹”募资方式，非常容易变化为国家明令禁止的非法集资，未来发展估计会受到严格监管，或许会以特许授权的方式加以规范。

第十二节　投资模式

模式 1：天使投资人个人投资

天使投资人多指富裕的、拥有一定的资本金、投资于创业企业的专业投资家。

目前我国天使投资人主要有两大类，一类是以成功企业家、成功创业者、VC 等为主的个人天使投资人，他们了解企业的难处，并能给予创业企业帮助，往往积极为公司提供一些增值服务，比如战略规划、人才引进、公关、人脉资源、后续融资等，在带来资金的同时也带来联系网络，是早期创业和创新的重要支柱。另一类是专业人士，比如律师、会计师、大型企业的高管以及一些行业专家，他们虽然没有太多创业经验和投资经验，但拥有闲置可投资金，以及相关行业资源。

模式 2：天使投资团队

对于个体天使投资人来说，由于很多人除投资人的身份外还有自己本职工作，他们会遇到以下几个问题：项目来源渠道少，项目数量有限；个人资金实力有限，难以分散投资；时间有限，难以承担尽职调查等繁琐的工作；投资经验和知识缺乏，投资失败率高。

于是，一些天使投资人组织起来，组成天使俱乐部、天使联盟或天使投资协会，每家有几十位天使投资人，可以汇集项目来源，定期交流和评估，会员之间可以分享行业经验和投资经验。对于合适的项目，有兴趣会员可以按照各自的时间和经验，分配尽职调查工作，并可以多人联合投资，以提高投资额度和承担风险。

中国也有不少类似的天使投资俱乐部和天使联盟，比较典型的是上海天使投资俱乐部、深圳天使投资人俱乐部、亚杰商会天使团、K4

论坛北京分会、中关村企业家天使投资联盟等。

模式3：天使投资基金

以个人为投资主体的天使投资模式，无论是对初创企业的帮助还是自身的投资能力，都有很大的局限性，但由于天使投资人各具自己的优势，如专业知识、人际关系等，大家联合起来以团队或者基金的形式投资，能够优势互补，发挥更大的作用。于是，随着天使投资的更进一步发展，产生了天使基金和平台基金等形式的机构化天使。

机构化天使投资发展大约分为三个阶段：

第一个阶段是松散式的会员管理式的天使投资，这种天使投资机构采用由会员自愿参与、分工负责的管理办法，如会员分工进行项目初步筛选、尽职调查等。

第二个阶段是密切合作式的经理人管理式的天使投资机构，这种天使投资机构利用天使投资家的会员费或其他资源雇用专门的职业经理人进行管理。

第三个阶段是管理天使投资基金的天使投资机构，同投资于早期的创业投资基金相似，是正规的、有组织的、有基金管理人的非公开权益资本基金，天使投资基金作为一个独立的合法实体，负责管理整个投资的机会寻找、项目估值、尽职调查和投资的全过程。

天使投资基金的出现使得天使投资从根本上改变了它原有的分散、零星、个体、非正规的性质，是天使投资趋于正规化的关键一步。投资基金形式的天使投资能够让更多没有时间和经验选择公司或管理投资的被动投资者参与到天使投资中来，这种形式将会是天使投资发展的趋势。

中国个人天使投资还未得到充分发展，给了天使投资基金更多的发展机会，拥有更多的资金、更专业化的团队、更广泛资源的有组织的机构化天使将会成为发展潮流。随着我国天使投资的发展，投资基金形式的天使投资在我国逐渐出现并变得活跃。一些投资活跃、资金量充足的天使投资人，设立了天使投资基金，进行更为专业化运作。这种方式的问题在于慢慢变成VC而不是天使投资，这是机构、组织不

可避免的问题。

模式 4：孵化器形式的天使投资

孵化器，有广义与狭义之分。广义的孵化器主要指有大量高科技企业集聚的科技园区，如深圳南山高科技创业园区、陕西杨陵高科技农业园区、深圳盐田生物高科技园区等。狭义的孵化器是指，一个机构围绕着一个或几个项目对其孵化以使其能产品化。

二十世纪五十年代，孵化器起源于美国，伴随着新技术产业革命兴起而发展起来。企业孵化器在推动高新技术产业的发展、孵化和培育中小科技型企业，以及振兴区域经济、培养新的经济增长点等方面发挥了巨大作用，引起了世界各国政府的高度重视，孵化器也因此在全世界范围内得到了较快的发展。在欧洲，企业孵化器也被称为“创新中心”。

在我国，根据科技部办公厅 2010 年印发的《科技企业孵化器认定和管理办法》，孵化器的主要功能是以科技型创业企业为服务对象，通过开展创业培训、辅导、咨询，提供研发、试制、经营的场地和共享设施，以及政策、法律、财务、投融资、企业管理、人力资源、市场推广和加速成长等方面的服务，以降低创业风险和创业成本，提高企业的成活率和成长性，培养成功的科技企业和创业家。

创业孵化器多设立在各地的科技园区，为初创的科技企业提供最基本的启动资金、便利的配套措施、廉价的办公场地、甚至人力资源服务等，同时在企业经营层面，给予被投资的公司各种帮助。

国内的孵化器在现阶段有一定的发展，但并不充分，典型代表是天使湾创投的 20 万 8% 聚变计划、李开复成立的创新工场、北京中关村国际孵化器有限公司、中国加速（CHINACCELERATOR）、联想之星孵化器等。

我国孵化器可分为高新区系列、科技系统系列、大学科技园系列、民营孵化器系列、留学生创业园系列。截至 2010 年底，全国各类科技企业孵化器近 800 家，其中国家级科技孵化器 346 家。孵化总面积超过 3000 万平方米、毕业企业超过 4.8 万家，毕业当年平均收入为注册资金的5.2倍，其中超过1000万元企业达30%以上，毕业后上市企业超过80家。目前，我国孵化器在孵企业超过5.1万家，从业人数超过105万人。

目前孵化器与天使投资融合发展主要有两种模式：

1. 政府主导的孵化器与天使投资融合发展模式

政府主导的孵化器是非营利性的社会公益组织，组织形式大多为政府科技管理部门或高新技术开发区管辖下的一个事业单位，孵化器的管理人员由政府派遣，运作经费由政府全部或部分拨款。在这种模式下，孵化器以优惠价格吸引天使投资机构入场，充当天使投资与创业企业之间的媒介。

这种模式的成功概率并不高，主要是因为政府参与具体事务太多，不能了解创业者的个性化需求，创意提出的初期，还是基于想把创业者集中，便于出“成绩”、便于成果“展示”。创业者因为行业不同、工作方便程度、经营管理模式差异等因素，不容易聚集。只适合少数行业，如TMT。

2. 企业型孵化器与天使投资融合发展模式

企业型孵化器为市场化方式运作孵化器，以保值增值为经营目标，自负盈亏。这种类型的孵化器，多采用自己做天使投资的运作模式，使得孵化、投资、管理实现一体化，减少投资成本的同时也减少了投资风险，其运作过程充分的利用了资源配置，提高了资本效率。

这种模式成功案例较多，但是限于资金规模、各自分散、技术判断能力限制，发展也未形成大的规模。

模式5：投资平台形式的天使投资

随着互联网和移动互联网的发展，越来越多的应用终端和平台开始对外部开放接口，使得很多创业团队和创业公司可以基于这些应用平台进行创业。比如围绕苹果App Store的平台，就有产生了很多应用、游戏等，让许多创业团队趋之若鹜。

很多平台为了吸引更多的创业者在其平台上开发产品，提升其平台的价值，设立了平台型投资基金，给在其平台上有潜力的创业公司进行投资。这些平台基金不但可以给予创业公司资金上的支持，而且可以给他们带去平台上丰富的资源。

这种模式用于民营研究院，可以将成功的经验引入其它产业，并利用互联网将业务扩展到全国各地，用虚实结合的平台，支持实体经济的技术创新应用。

第十三节 国内天使和风险投资现状

目前，国内专业的天使投资机构并不多，其中也不乏优秀的投资团队。如天使湾创投、泰山天使，亚洲搭档种子基金，赛伯乐天使投资等都是其中的佼佼者。通过网络可以查到很多有关他们的信息。不过他们也大多优先投资 TMT（科技、媒体和通信）产业，有相当的局限性。

作者这几年也和国内投资行业有些接触，有一些感受拿出来大家分享交流一下，有不全面、错误的地方还请理解、见谅。

一、从业人员许多没有实战经验

接触的投资合伙人或者项目经理人，大多数是年轻人，对具体项目进行分析判断的经验不足，所拥有的经验来源于书本、来源于和其他同行客户的交流居多，加上自己的分析判断，失误的概率很高！有些人甚至连股权投资项目的基本要求都没有搞清，人云亦云。

投资最起码的项目要求是：产业有条件上经济规模、发展需要资金推动、后期消化资金的能力足够、投资对象能在业内领先并保持领先、项目启动有一定门槛、盈利的模式比较简单、产业生命周期较长、市场占有能力强或者市场足够大、项目安全风险要小等。这些基本条件缺一不可。

非常遗憾的是一些投资人对这些基本要求不去把控，最后出现该抓的重点没有抓住、不该抓的方面吹毛求疵，要么不该投的投了，要么该投的否了。

例如：火锅行业看上去具备容易标准化、市场规模大、扩张需要资金推动、后期消化资金能力足够，但是显然致命的弱点是门槛太低，有钱的大佬、创业的个体户都能给市场提供满意的服务，都能生存和发展，正规经营的大企业在上缴税收、员工社保杂费、员工积极性、劳动工时保障等诸多方面和夫妻店之间竞争没有优势，违反了“门槛原则”、“平等竞争原则”，显然不应该投资，但是国内投资火锅行业的不在少数。

再例如：各种农业项目投资人趋之若鹜，理由是政府支持、配套资源丰厚。但是农业的本质是民生产业，特别是种植业基本上小乱散、靠天吃饭，根据我国地貌因素决定，短时间不可能改变。国家政府重视农业是基于政治因素，不是经济因素。有些投资人谈到农业就提到多种经营、深加工、全产业链等。其实有一个段子：

养牛养羊、第一产业

杀牛宰羊、第二产业

吃牛肉、喝羊汤、第三产业

吹牛皮、出洋相、文化产业！

虽然说得有些偏颇，但是道出了农业和其它产业的本质区别。因此那些投资单纯农业项目的投资人，必然遇到经济规模上不去、经济指标不稳定等致命问题。如果跨产业发展，每个产业的特点不同，农业靠天靠政府、工业靠资金靠市场，两者经济规模也不是一个数量级，不应该混合操作。他们也看不出这些原来投资农业、环保、新能源的老板们，多数首先看上的是混政府补贴、炒作概念、借机圈地的噱头和真实目的，真正对市场竞争的前景看好的并不多。

这些投资操盘手，没有多年工作经验、多行业从业实践，就来评判、甄别项目，实在是不靠谱啊。

二、政府诉求和投资市场目标

政府的主要目的保稳定、保民生、综合发展经济。既有经济目的，更有政治目的。而投资人投资不能考虑过多政治，唯一指标就是资本如何快速、最大增值。不应该考虑名气、脸面、政府导向，一定要冷静面向市场来决策。

政府要发展信息产业、发展文化产业、发展养老事业、发展旅游事业等等。但是这些产业事业适合投资人根据经济指标去投资吗？需要好好的打个问号，好好看看前人投资的结果是什么？

美国是文化产业发达国家，才有数个影视基地、动漫基地，中国全国搞了近百个文化创意产业园，我们有那么大的市场、有超过美国几十倍的能力吗？这些产业园不过是地产商借助这个噱头搞的圈地运动而已，真正成气候，和美国能比比的有哪一个？

这些技术类、服务类的项目最大的问题在于规模上不去、资金需求不大、难以靠资金推动、成长空间很小；优点是和民生息息相关，能容纳大量就业，有助于社会安定和谐，不是适合股权投资的好方向。

政府从计划经济变为市场经济，为了调节社会各种资源的均衡配置，只能通过引导、鼓励、扶持手段实施调控，往往政府支持的，大多是不容易赚钱，大家不会抢着干的事情；大家容易赚钱的事情，政府就要打压控制，防止一窝蜂造成产业畸形发展。说透了，就是政府支持什么，投资人就要小心投资什么了。特别是政府导向一旦发生偏差，被基层放大误读，企业盲从投资造成损失，政府是不会为之“买单”，企业必须自吞苦果，比如动漫产业、光伏产业等等。

三、海归派水土不服

有一些投资公司采用从国外回来的操盘手。他们普遍存在严重的水土不服。

1. 企业诚信经营差异

例如，他们对中国企业造假报表、假业绩的现实难以适应。在中国，因为种种原因，企业都有多种报表结果，需要哪种提供哪种。习惯

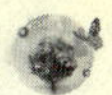

于从技术层面上看报表决定投资的一定吃大亏！至少抓不住最佳时机。

2. 中西方市场差异

海归对中国的消费习惯不了解，按照西方的逻辑选择项目是行不通的。例如：多数中国老人，退休赋闲在家时都努力从事一些工作，发挥自己的“余热”，如果实在没有事情做，他们能做的就是“节流”，也作为自己对社会的贡献，如果在临终前如果能给子女留下一些遗产，就非常欣慰；外国老人则希望能有计划的消费，临终前如果能把积蓄基本花完，快乐一生，就心满意足。所以按照西方投资理念投资中国养老产业，存在很大的风险。中国的老人有钱也舍不得花，多数省吃俭用留给子女、后辈；而且一旦老人出现问题，极个别子女们往往会把服务机构“折腾”死，100 个人身上赚的钱，不够一个人赔的。看看现在养老院，成功的凤毛麟角（可能还是吹出来的），这个产业和欧洲的养老事业绝对不同。类似的问题还出现在幼儿教育等领域。

3. 对中国特色人际关系的作用不了解。

中国的市场的作用和政府的作用各有特点，人际关系的作用虽然不能起决定作用，但是也一定要重视。中国证监会等政府职能部门的政治目的一定要摸准、吃透，这样才能选准市场前景好、政府持续支持的优秀项目。

4. 中西方证券市场属性不一样。

中国的证券市场虽然逐步完善并走向成熟，但从一开始它的上市监管的理念就和国外的资本市场有着巨大的差异，国外企业只要规范、诚实、守法就很有可能上市，确实是按照资本证券化的要求实施的。但是它太市场化，上市能否融到资、是否容易被做空，则难以保障。通俗的说是“容易上、容易下，融资看业绩”。

中国证券则具有社会主义特色，逐步走向成熟、市场化，发展社会主义生产力、维护社会稳定则是它基本属性和目标之一。通俗的说有点“不容易上、不容易下，融资很容易”。应该说，中国股市想要上市，除了具备资本主义国家的证券市场要求外，还要更好具有上市融资的良好属性，不单纯为了实现资本证券化，因此上市难度更大。

5. 投资回报期望值不一样

在国外，资金的成本相对较低，按照利率来说，年息3%就是不错的收益了，投资人就能满意，能耐得住寂寞。而在国内，这两年虽然特殊，月息就能达到3%或者更多；就算正常银行利息，一般也有6%～10%，比国外高几倍。国内项目投资人（工业化、外向型城市除外）如果一个投资1～2年不能回本，就不是好项目，最好是半年、一年收回成本才值得投资。

6. 现在和以前不一样

中国的证券市场也是逐步成熟起来，监管部门的经验也逐步成熟。一些投资团队说到其以前投资成功、或者团队中某人投资某些项目成功的案例总是津津乐道。其实变化非常大！以前的很多案例让监管单位看到另一面，成功已经不能复制了。比如湘鄂情上市，下一个餐饮企业不论规模多大、效益多好都很难过会了！

在国外上市的企业，随着时间的推移也今非昔比，现在就算能上市，也面临做空和融不到资等一系列问题，那种靠抓住国内外政策、观点差异到境外上市圈钱的项目已经被国外资本市场认清，好日子也一去不复返了！

四、说一套做一套

很多投资人是学了一些书本上的投资理念，也知道前面这些选择项目的要点，但是嘴上说一套，实际操作则是另一套。比如，投资界都有一种公认的说法：投资主要是投人！但是具体实施的时候，很多不是因为人而投。在一些讲堂上谈什么原则、谈什么产业、谈什么企

业家精神等等，到了讲台下面，谈到项目的时候，就是“先把报表拿来看看”。

还有原因是相互掣肘，即多个投资合伙人之间互相牵制，表面上是控制风险，很多情况下则失去了很多投资良机。一个投资人接洽项目，感觉不错，转述给其它合伙人的时候，由于时间比较短，对项目的理解会随着时间推移慢慢淡忘，往往对项目的优点描述时会有偏差，好项目在投审会上就变成一般的项目了。这种情况在职业操守、职业素质比较好的西方可能不明显，但是在中国就是一个大问题。

有传闻投资界出现过腐败问题，就是投资回扣的问题，为了拿到回扣，可以通过差的项目；好项目如果没有个人利益，则很难通过。

还有资金实力不足，特别是这两年资金紧张，基金生命周期较短、资金成本居高不下，很多投资人后面的资金很紧张，几乎无法实现项目投资。在社会资金极度短缺的情况下，有些资金因此而转向债权业务市场，谋求短期获利也是其中原因之一。

五、受传统管理理论误导

中国境内土生土长的投资人有些出身财务专业，有些来源管理岗位，少有做经营的转型做投资。财务出身的投资人迷信财务数据能反映一切，投资过于保守，能投资的只能是极少数非常稳妥的项目，往往到那时候也不一定轮到他介入了。

管理岗位出身的人，受中国计划经济影响，总是认为企业主要是管理水平问题，看淡了企业的产业方向、发展潜力，没有弄明白“技术是工具、管理是保障、经营是龙头”这个道理，对于一些快速发展的好项目，由于管理细节、技术储备等战术缺陷的问题而否决，也非常可惜！他们不可能成为天使投资人，甚至也做不了风险投资业务。

六、产业判断能力不足

因此很多人对产业判断的能力严重不足，容易道听途说。例如IT业，由于行业门槛低、竞争激烈、产业规模小、难以规模复制、人才成本高，很难产生值得投资的优秀企业和项目，风险极大。这个行业里的企业为了生存，企业注水、包装的现象极为普遍。投资人没有透过现象看本质的眼光，对行业没有客观、深刻的了解，人云亦云，必然投资失败，这样的案例比比皆是！其实很多互联网项目产生就是来源于一个思路，凡是不发牌照的项目，几乎没有竞争门槛，无法排他，要在不涉黄、不涉赌、不涉游戏的情况下实现快速发展、稳定的市场，几乎是不可能的，从概率论角度，就不是投资者应该碰的产业！

再比如，餐饮业和快餐业是完全不同的两个产业，什么是餐饮、什么是快餐？一个是依赖于人、一个是依赖工业化；一个是个性化销售、一个是商业规模化销售；一个是市场难以复制、一个是市场可以快速复制占有；一个是品种大而全、一个是品种少而精。这些差异，一些从事餐饮行业的人也许都难以把握，一般投资餐饮的人就更难掌握了。因此，对于餐饮业很难在国内上市、快餐业必然要在国内上市这样的结论，不一定都能认可。

还有，同样是连锁业，加盟连锁、直营连锁本质不同；服务业连锁、商业连锁本质不同。它们在产品品质控制、扩张速度、资本整合转化、品牌风险等等各方面有不同的属性，在不同产业不同发展阶段应采用的连锁模式也不同。其中很多内在的东西客观存在，甚至显而易见，但不是所有投资人能冷静把握。比如某皮鞋品牌专营店采用加盟连锁非常利于上市；某地方小吃加盟连锁，大量夫妻店无照经营，连锁上市绝无可能，连其关联产业上市都存在极大不确定性；某人工汽车美容洗车连锁，随着规模增加，控制力下降、服务风险增加、品牌危机增加，上市也是几乎不可完成的事；至于保姆、律师、美发、足浴、设计室等服务业上市，在中国，它不具有入门门槛、企业利润

靠剥削劳动力剩余价值、只能合伙不好合作的业务，违反了前述好几项基本规则，正常情况下不会国内上市。

不排除某些明显不应该投资的项目，投资人最后还是转嫁包袱，及早获利退出，但是这不是天使投资该做的事情，这是属于资本运作过程的机会动作，已经背离天使、风险投资的本意，随着市场成熟，愿意接“包袱”的“冤大头”越来越少，“炒作”、“机会”型项目最后烂在自己手里的可能性越来越大！

七、政府背景投资资金过于保守

有些基金、投资资金有政府、大企业、大基金背景，即国家政府为了支持某些产业的发展，特别组织的投资力量。他们往往因为资金安全原因、操作人力所限、预防腐败犯罪的机制、投资决策环节多速度慢等综合原因，造成有钱投不出去、无法实现对项目的投资。

国家政府还需要不断探索新的机制，解决好上述这些问题，比较实际的可能模式就是：专业的工作交给专业人士，政府不介入具体事务，和承担投资的天使基金签订目标责任，并且根据基金的业绩、方向给予不同的资金支持，通过第三方审计实行监督，给中国的天使投资界注入血液，促进中国天使投资行业的发展。

八、应该投资主要是投人

关于这个话题，很多人都挂在嘴上，但是其中含义是什么？能否做得到？其实，就是两个方面，第一是投资他的能力，第二是投资他的品格。一个有能力的人，应该是有眼光、有魄力、有毅力、有执行力的人，他选择的项目应该超过普通人选择的项目，执行力也较一般人强。项目的可行性应该较高！就算万一项目失败，这样的人会有顽强的意志，一定会努力东山再起，不会一蹶不振，给他投资，迟早会有回报，投资风险不会太大。这才是这句话的真正内涵！

目前中国投资界急需的是有实力的天使和风险投资资金；需要确实有实际工作能力的项目顾问；需要具备基本职业素质、技能、道德的操盘手；需要低成本的投资资金；需要和国际投资界尽可能早对接。

第十四节　投资股权和债权的差异

一个投资人手里的资金用来做股权投资和债权投资确实有明显的差异，通俗的讲，主要可以以下面的文字简单表述：

风险差异：表面上看投资股权风险大，投资债权风险小，实际上还有另外一种解释：投资股权失败，十笔投资一笔有收益，就保本；投资债权，放高利贷，十笔贷款，一笔出问题就焦头烂额。

收益差异：股权投资，如果成功，可能是10倍、百倍甚至数千倍回报；投资债权，即便不出问题，最快也要3~5年才能翻一倍。

角色差异：投资股权，是雪里送炭，结成革命战友，同舟共济；投资债权，是落井下石，雪上加霜，成为对立面。

规模差异：投资股权是一起把蛋糕做熟、做大，各自吃自己应得的、更大的那一份；投资债权是在现有的蛋糕上切走一块，是强迫割肉。

笔者认为目前中国投资界水平尚处于初级阶段，好项目太多、有资金的人也不少，发展空间巨大！中国也拥有最勤劳、最聪明的人民，是天使投资最理想的沃土，一个有眼光、有抱负、有实力的投资人一定要抓住机会，涉足这个天使投资领域！

第五章　应用方案范例

本书中提出的能源应用理念的变革和调整工作温段带来的动力机械变革两大理论创新，如果广泛应用，会带来各行各业的变革，几乎涉及所有高耗能生产过程。在这里不可能一一列举。下面我们提供一些有代表性的转化模式和行业应用方案，供读者参考。

所有应用方案都采用适合天使投资的方式设计：投资额不大（100 ~ 300 万起步）、成熟技术的创新组合、研发样机周期短（总共 2 ~ 4 个月）、股权比例适度（占项目 10% ~ 30%），这些都是 20 多年成熟经验的具体转化，绝非空谈，真实可行。同样的项目如果由“正规”科研机构去实施，往往需要花费近百倍的资金、十倍以上的时间，也不见得能完成。这也许就是我国军事、民用科研体系正在发生变革的推动原因之一。

火电厂发电工艺改进这个题目主要是代表了在能源最重要的生产领域的应用，让沿用了 100 多年的生产工艺过程来一次变革，能让现有的满足人类 90% 电力需求的火电行业的能耗大幅度下降。

数据中心节能减排项目针对一个非常集中的高耗电、高热量集中排放的产业，提出一个系统节能、减排、增效的具体方案，能实现节能减排一半以上，耗电下降四分之一以上。这个行业耗电相当于天津直辖市的耗电，而且集中在 1000 ~ 2000 个企业，实施起来比较容易，很具有代表性。

厨具锅炉节能增效项目则是对适合产品化的节能减排技术应用的尝试，依照这个模式，可以生产厨具、锅炉、干燥机、污水处理机、海水淡化机等便于产品化的中小型设备，新的设备应该可以分别实现从30%到90%不等的节能减排收益。这样的一些设备通过市场化的道路，分散大量应用来实现社会的节能减排效益。

燃料液态空气动力车则是一个较为保守的利用发动机排放废热的节能增效方案，它首先采用直接利用内燃机抛弃的70%以上的废热，对液态空气工质气化膨胀做功，对现有汽车、发动机的改动很小，研发的风险也很小，为以后完全利用空气热、环境热的动力机械做低成本、高回报的尝试，研发的成果具有节约50%以上燃料的性能，本身也具有很好地市场价值。

液态空气介质环境热发电项目则是系统使用环境热能的典型应用，它也许还能终结了人们在“垃圾电”储能利用方面所做的各种尝试，是彻底摆脱石化燃料、核能、太阳能等其它具有各种缺陷的能源介质，利用取之不尽用之不竭、大量稳定提供、随处可得的环境热能发电的终极能源生产解决方案。

高效节能空气压缩系统则涉及目前工业生产领域里面除了电能之外的第二大动力来源“压缩空气”，让这个二号能源介质的生产成本下降三分之二，企业生产制备压缩空气的直接电能消耗较少到接近于零。

这些方案，每一个都是成熟技术的组合、集成应用，没有一个不挑战行业的固有认识，需要有得到“有眼光、有胆略、有实力”的天使投资支持，这样的变革一定能为社会、为企业、为投资人带来巨大的价值。

在参考使用这些方案的时候，如果有错误疏漏之处，还请见谅。欢迎交流研讨，共同完善。

第一节　火电厂发电工艺改进

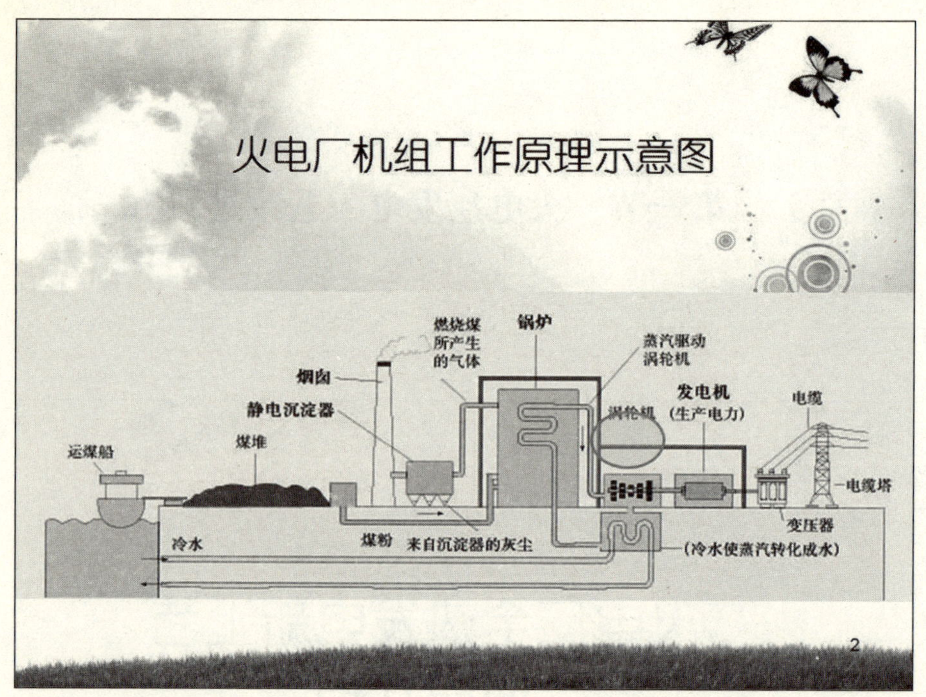

传统蒸汽动力循环-朗肯循环

朗肯循环（英语：Rankine Cycle）也被称为兰金循环，是一种将热能转化为功的热力学循环。郎肯循环从外界吸收热量，将其闭环的工质（通常使用水）加热，实现热能转化做功。朗肯循环理论虽然诞生于19世纪中期，但即便到了今天，郎肯循环仍产生世界上90%的电力，包括几乎所有的太阳能热能、生物质能、煤炭与核能的电站。郎肯循环是支持蒸汽机的基本热力学原理。

因为郎肯循环诞生的年代也有必然的历史局限性，那个时代研究热力学的机械条件、流体力学理论和现在差距很大，难免存在一些缺陷和不足。

3

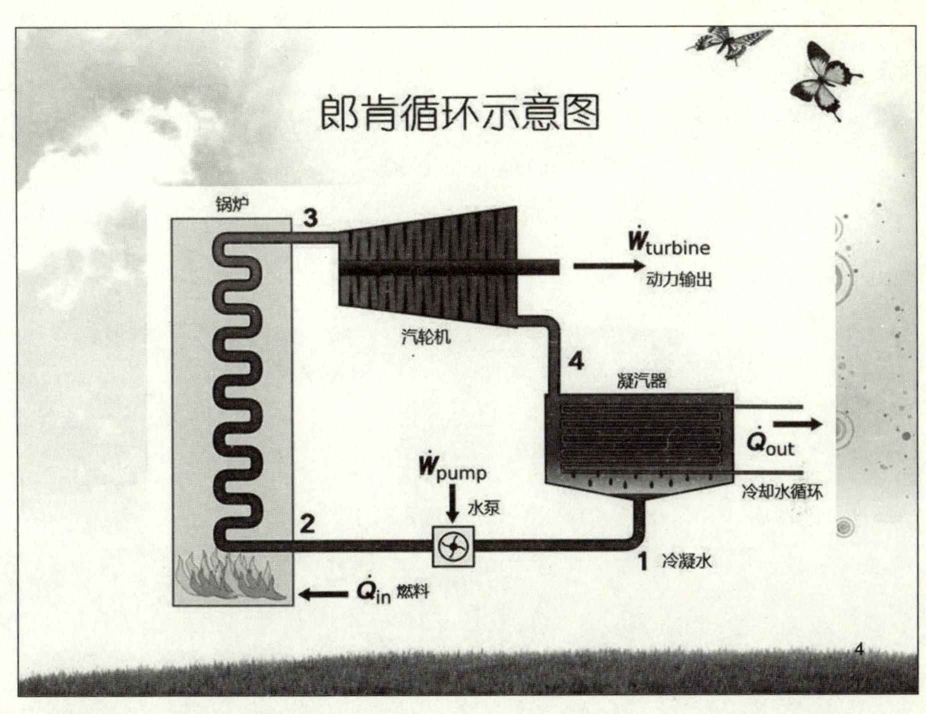

火电机组能耗关键问题

朗肯循环实现工质水的闭环循环，大大减少水资源的消耗.当然，通过一次蒸汽汽轮机，蒸汽的热量只有30~40%转换为电能，必然产生大量温度、压力较低，含有大量汽化热的“乏汽”。为了实现闭环，只有将水蒸气冷凝为水，然后再把几乎不能被压缩的液态工质加压，才能使之进入下一个压力循环。凝汽器散去的热量比用于驱动汽轮发电机组所消耗的能量还大；热量只实现了一次动力循环，没有进入再次循环实现再利用。

应用中多用回热、再热等改进循环方式提高效率，还采用增加蒸汽温度、压力的临界、超临界工作模式来提高效率。这些方法根本的思路都是尽可能提高有效功在全部消耗热能中的比例。

5

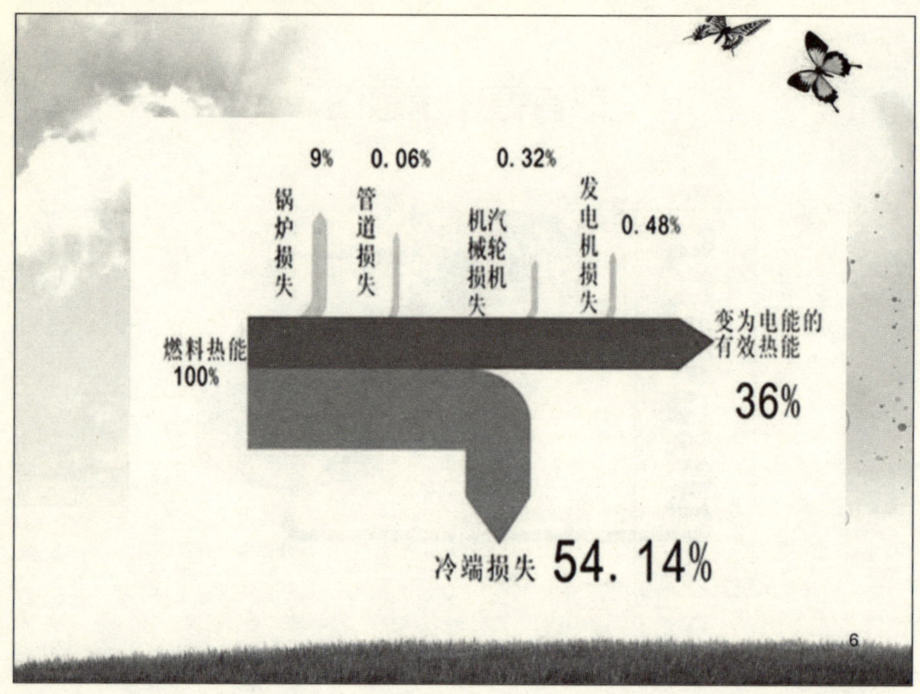

提高火电机组能效的途径

还有其它的方法主要的出发点则是设法采用消耗少量热能、机械能的方式，直接、间接对排放的低温废热进行再利用，用于工业热水制备、生活采暖等环节，实现余热利用来提高有效功在全部消耗热能中的比例。

上述两种方法在成本、安全性、提高比例、应用便捷可行性等方面都受到诸多限制，很难实现热能利用效率的大幅度提高，特别是难以实现热电转换效率的大幅度提高！

7

提高火电机组热电转换效率的思路

火电厂基本工作流程几十年来没有变化，而近年来机械加工、材料科学、自动控制技术、流体力学等都有长足的发展进步，特别是流体力学、热力学的某些应用技术更加成熟，如射流、气体放大、气液相变传热应用，该给这样一个关键能源产业带来一些变革；

我们利用流体力学的射流技术、科恩达效应，提出一种新的蒸汽动力循环方式，以期利用蒸汽工质的流体力学特性，实现动力循环过程中热效率的提高。将大部分乏汽直接加压利用，不需要通过“冷凝—再汽化”这一循环，全过程除了需要补充热能外不消耗其它动力，余热没有排放，进入再循环，大幅度提高整体热电转换效率。

8

背景技术应用简述

- 射流技术：高速高压的流体，能带动周围介质一并运动；即高压冷凝水射流可以吸收带动部分乏汽直接再进入锅炉；
- 空气放大技术：而以某种形式喷射的气流，可以带动比该气流量大10~100倍的气体一起运动；用高压蒸汽可以带动大量乏汽进入下一工作循环；
- 流体热力学：流动的气体可以在运动中升温增压，同一空间不同阶段的压力可以不同；低压蒸汽可以在流动过程中逐渐升温、增压；

9

射流技术

- 射流　jet
- 从管口、孔口、狭缝射出，或靠机械推动，并同周围流体掺混的一股流体流动。经常遇到的大雷诺数射流一般是无固壁约束的自由湍流。这种湍性射流通过边界上活跃的湍流混合将周围流体卷吸进来而不断扩大，并流向下游。射流在水泵、蒸汽泵、通风机、化工设备和喷气式飞机等许多技术领域得到广泛应用。
- 高压液体（气流）从1进入，从3喷出，会带动周围空腔的介质一起运动，空腔内介质减少，形成负压、真空，造成被吸入气、液从2不断补充。

射流凝汽泵原理图

如果使用的射流是冷凝水，吸入的是低温、低压水蒸气，则吸入的蒸汽与喷射冷凝水水流直接接触，进行热量、动量混合交换，蒸汽和压力液态混合后，蒸汽冷凝成水与原水流混合、凝结，放出凝结热实现凝汽、预热冷凝水的目的；

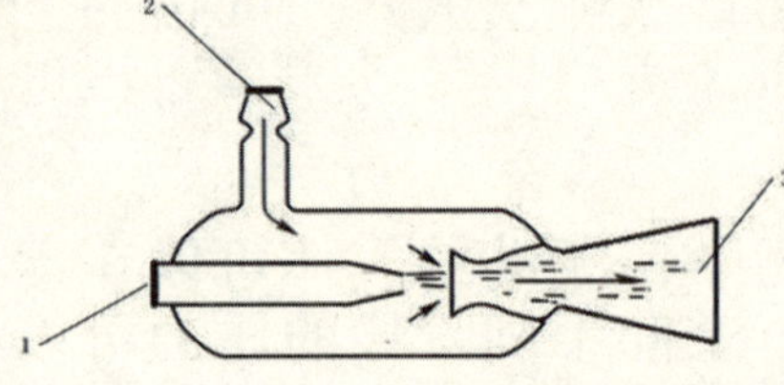

11

气体放大器

- 气体放大器
- 利用流体力学的科恩达效应原理，通过输入小量的高压气体，它会带动周围的静止或待加压流动的气体，在一端高速输出大量的低压气流，气体流量能放大到10~100倍。
- 原理如下图：当压缩气体通过气体放大器 0.05—0.1毫米的环形窄缝(3)后，向左侧喷出， 通过科恩达效应原理及空气放大器特殊的几何形状，右侧最大25倍的环境空气可被吸入，并与原始压缩气体一起从气体放大器左侧吹出。

气体放大器

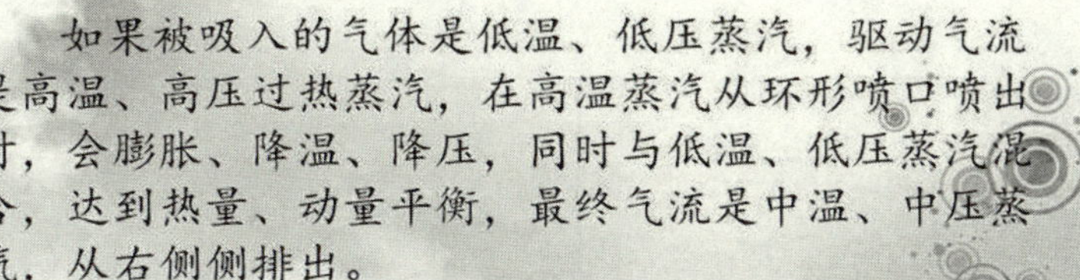

如果被吸入的气体是低温、低压蒸汽，驱动气流是高温、高压过热蒸汽，在高温蒸汽从环形喷口喷出时，会膨胀、降温、降压，同时与低温、低压蒸汽混合，达到热量、动量平衡，最终气流是中温、中压蒸汽，从右侧侧排出。

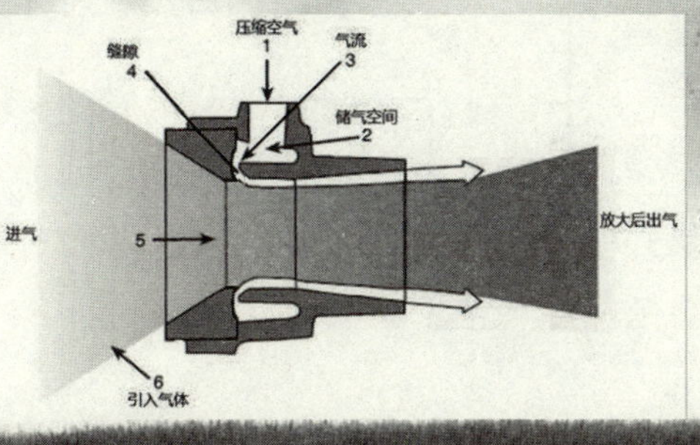

13

流体的动压、静压、全压

静压

由于空气分子不规则运动而撞击于管壁上产生的压力称为静压。气体量一定的情况下，简单的理解静压和温度有关；

动压

指空气流动时产生的压力，只要风管内空气流动就具有一定的动压，其值永远是正的。简单的理解动压和气流速度有关；

全压

全压是静压和动压的代数和，气体所具有的总能量。简单理解就是流体最终的总压力。

对凝汽器蒸汽流向、蒸汽流束截面积进行科学设计，创造出合理的高低温条件，实现热量转移，动态升温、补压，可以实现热回收条件下的蒸汽冷凝作用。

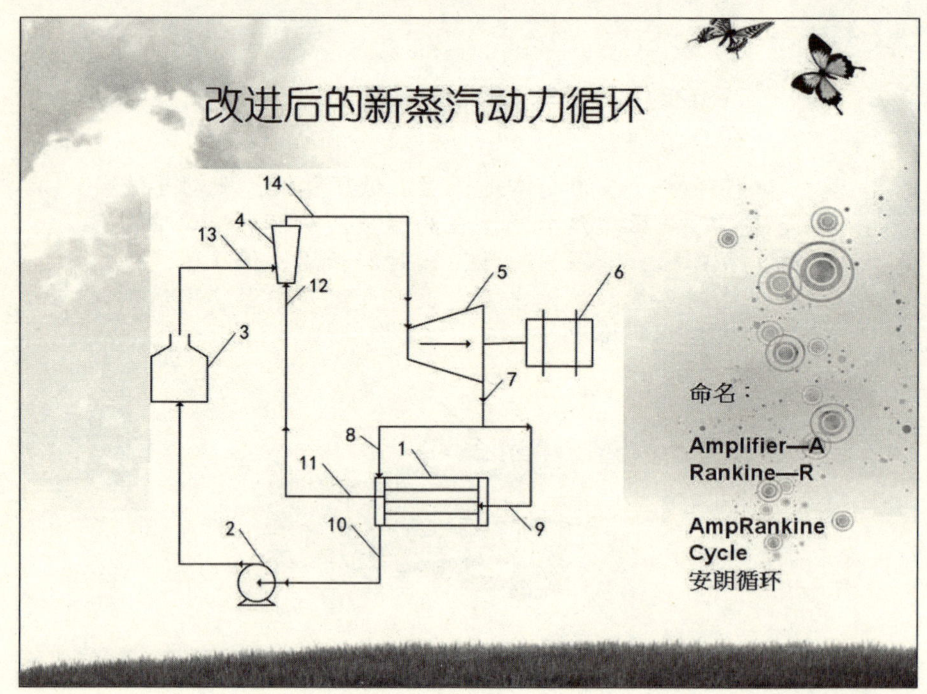

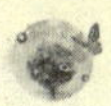

附图说明：

1、凝汽器；2、水泵；3、高压锅炉；4、气体放大器；5、汽轮机；6、发电机；

7、蒸汽乏汽；8、冷凝乏汽入口；9、再生乏汽入口；10、冷凝水出口；11、再生乏汽出口；12、乏汽再利用入口；13、高压驱动蒸汽；14、中低压工作蒸汽。

改进后的新火电工艺流程

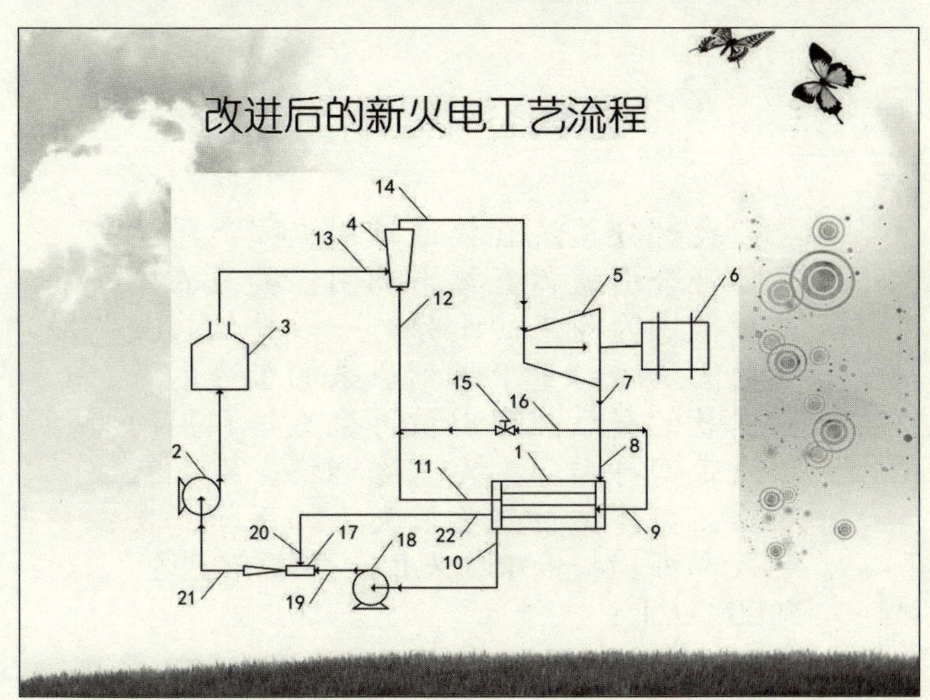

附图说明：

1、凝汽器；2、高压水泵；3、高压锅炉；4、气体放大器；5、汽轮机；6、发电机；

7、蒸汽乏汽；8、冷凝乏汽入口；9、再生乏汽入口；10、冷凝水出口；11、再生乏汽出口；12、乏汽再利用入口；13、高压驱动蒸汽；14、中低压工作蒸汽；15、乏汽直供阀；16、乏汽歧路；17、射流凝汽器；18、水泵；19、冷凝水射流入口；20、射流凝汽乏汽入口；21、预热中压冷凝水出口；

方案经济性分析

大部分蒸汽直接通过射流凝汽器、气体混合引流器直接再利用，凝汽器凝气量减少为原来的十分之一或更低，凝气器蒸汽凝结量下降到原来的十分之一；少量的凝结热可以被再生直接利用的蒸汽带回再循环，无需冷却塔、无需空冷器，整体运行热量散失大幅下降，发电效率可以提高45%以上，整体有望达到80%以上；

19

方案其它优势分析

高压锅炉改进

该工艺必须采用高压锅炉来给系统补充热量，锅炉容量是原有装机容量的十分之一以下，但是吸收的热能要达到原有装机的三分之一以上；同时高压蒸汽涉及的范围大大减少，不进入机组，过程几乎没有机械运转部件，免维护；综合成本均合理、可控；

高效实现热—电转换

全流程理论上没有热量散失环节，可能产生的损失就在于各环节的合理泄漏和正常范围的流失，省去了庞大的散热系统，系统能效大幅度提高。

汽轮机组压力要求不高

蒸汽机组不需要增加入口压力来提高效率，热量通过多次循环，最终都会转化为电能输出，因此不需要改变机组工作压力。

20

该项目的市场空间特点

- 国内外市场空白，发展空间大；
- 单个项目金额大，系统实施简单；
- 符合国家能源政策，容易获得融资和补贴；
- 设备技术成熟，系统可靠性高、技术风险小；
- 节约能耗效果明显，社会经济效益突出。

21

项目应用实施要点

技术改造、工艺调整可以分阶段改进，首先可以增加射流凝汽器，它可以直接应用于现有的火电系统；

其次，如果分别具有高低压汽轮机组的企业，可以应用现有的压力蒸汽来驱动乏汽，返回再热器，减少凝汽压力和凝汽散热；

可以另外增加小容量高压锅炉专门启动蒸汽再利用，将原有锅炉变为再热功能为主的锅炉，实现阶段性、分步技改。

对凝汽器汽路分阶段改造，项目进展可以在现有项目基础上逐步改进或并联运行，不影响原有系统运转；

22

项目实施步骤

第一阶段：原理样机制作

采购一台凝汽式汽轮发电机试验台，费用支出约45万；然后应用本方案提到的专利技术，进行技术改造；我方提出方案要求，寻求有经验、积极配合、有相应能力的合作研发团队外包委托开发或者合作开发，保证进度、效率，保证资金的使用效率，控制风险；改造过程中的人工、特殊零部件加工费用合计5万元；完成后进行专家成果评审。总投资约100万

23

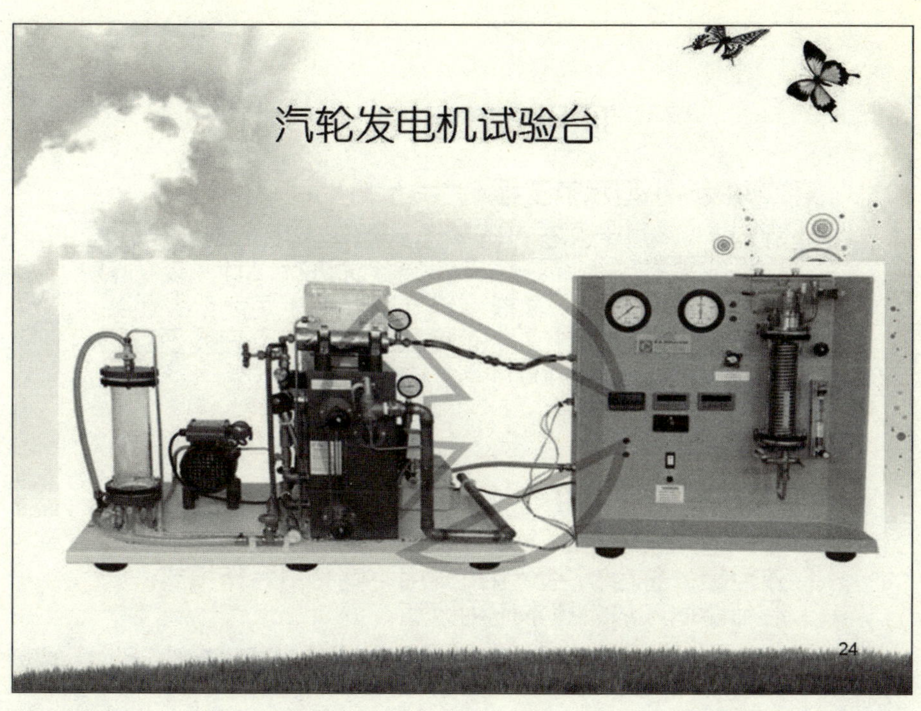
汽轮发电机试验台
24

汽轮发电机试验台
Turbine Technologies LTD
25

项目实施步骤

第二阶段：小型示范工程

针对一个6万千瓦左右的凝汽式汽轮发电机组，在原理样机成果基础上，委托专业设计院进行设计，委托国内外知名制冷机厂家根据设计容量要求定制热泵机组；根据设计院设计文件面向社会进行施工安装工程招标；改造费用约5000万，热电转换效率80%；项目完成后，组织专家评审。

第三阶段：推广应用

在示范工程成功后，发电企业根据自身投资、节能增效目标，整合社会资源，采用不同融资合作模式，开展节能增效热泵技术应用改造。

26

第二节　数据中心节能减排

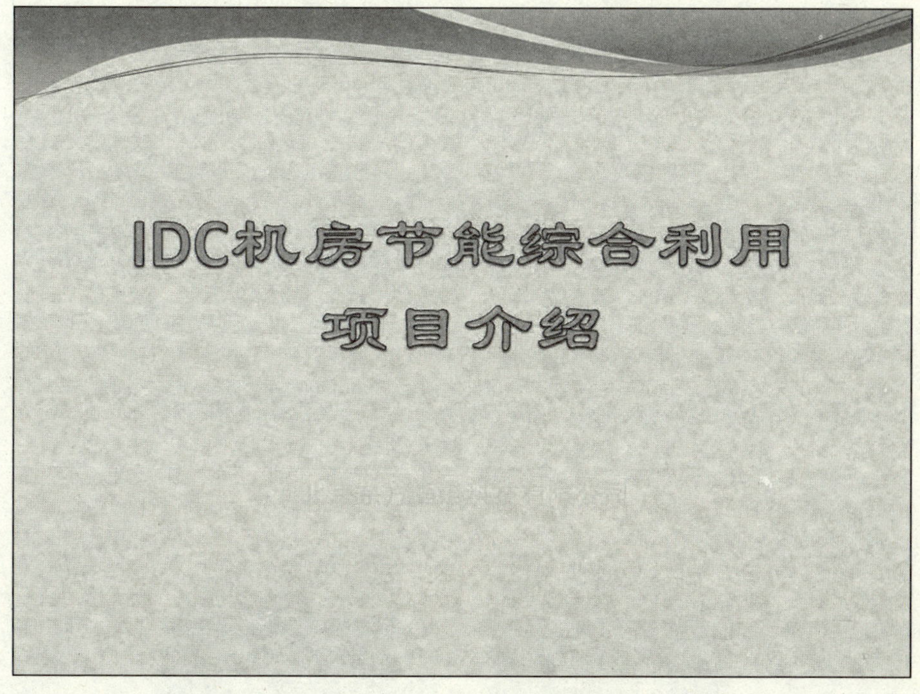

IDC行业的能耗问题

- 目前，我国各类数据中心（IDC)总量约43万个，可容纳服务器约500万台。其中经营性数据中心机房921个，面积约88万平米，机柜数约17.7万个，可容纳服务器约200万台。
- 未来5年，我国对数据中心流量处理能力的需求将增长7-10倍，机房面积再翻一番才能满足需求。
- 2011年我国数据中心总耗电量达到700亿千瓦时，占全社会用电量的1.5%，相当于2011年天津市全年用电量。

2

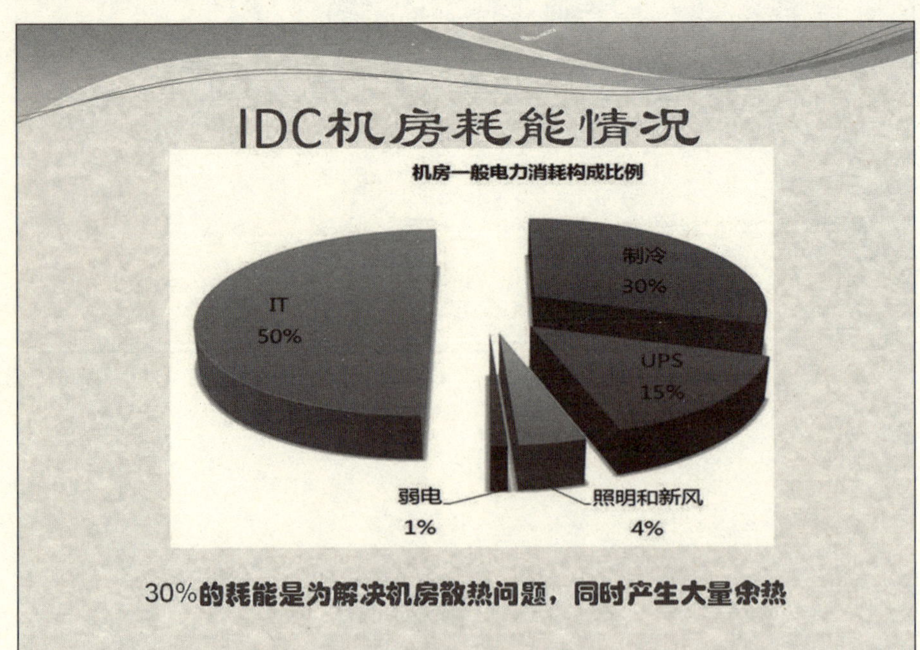

最先进的国外IDC节能水平（PUE值）

"PUE" =数据中心整体输入电力/IT负载所需电力

微软都柏林数据中心
PUE值：1.25
惠普英国温耶德数据中心
PUE值：1.16
谷歌比利时数据中心
PUE值：1.16
Facebook数据中心
PUE值：1.15
雅虎"鸡舍"式数据中心
PUE值：1.08

4

目前国内IDC机房节能潜力巨大

我国目前PUE在2~3之间，而国际上这些低能耗数据中心共同的特点：

- 特殊的地理位置，可采用自然冷却，如海风、冷水、呼吸式建筑
- 采用故障容错系统，这样设备故障不会造成影响，专用系统
- 非标准服务器，可以接受更恶劣简朴的环境

PUE值小于1.1，对于建设于普通地点的普通数据中心是难以实现的

各种机房节能方案的性能对比	PUE
典型数据中心	2
无冷水机组，采用100%的水侧的经济节能方案	1.67
UPS运行在旁路，采用415V系统	1.45
采用空气侧的经济节能方案，不用UPS	1.29

5

目前IDC节能常用技术手段

- 氟泵：在外界环境温度很低的情况下，压缩机旁路，用泵直接循环制冷剂，利用制冷剂自身热容量，在不进行气液相变的情况下传递热量制冷。"氟泵"功耗远低于压缩机，减少电能消耗；

- 热管空调：采用无源热管热泵实现冷热传导，相对直接利用自然冷风、冷水在空间上隔离。前提条件是有自然冷源。电能消耗主要在风扇、水泵等，能大大减少电能消耗；

- 乙二醇：也是一种利用"不冻"液体的循环流动，实现热量交换，前提仍旧需要自然冷源，例如冬季使用；

共同特点是：需要自然冷源，使用受到时间地点限制；另外热能不能回收利用，散失到环境，没有减排效果。

6

目前IDC能源节能手段的缺点

- 地理条件限制：根据地理条件建设的机房，通常都远离闹市区，交通生活不便；

- 企业管理难度大：虽然可以远程管理，但是具体运营过程中，对员工生产、生活配套服务产生很大问题，涉及员工家庭、子女教育等综合因素，难以解决；

- 市场销售不佳：市场反应不积极，常常有稍微偏远一点的地点建设的机房，投入使用后少人问津，闹市区建设的机房，未及投产已预售一空；

- 无减排效果：依靠自然冷源散热的制冷方式，没有考虑减少环境热排放的问题，后续很可能依据国家政策调整，需要进一步改造。

7

IDC的可利用能源的特点

- 数量巨大：数千乃至数万千瓦的能量消耗，最后都变成热能，需要从机房“搬走”；
- 稳定输出：IDC机房一旦启用，能量消耗24小时、长年累月持续消耗能源，产热稳定；
- 热输出品位低：热量一般通过自然冷风、冷水、大型空调冷却水等带走，温度20多度，品位低；

几十年的历史和国内外同行的现状表明，目前对该能量的利用率很低，机房节能主要考虑如何用更低的成本将热量“搬走”来实现节能，还没有人考虑回收利用该热量，即消耗少量能量，回收转换该热量，使之能得到充分利用。

热泵技术在IDC的节能应用

- 热泵也就是像泵那样，可以把不能直接利用的低位热能(如空气、土壤、水中所含的热能、太阳能、工业废热等)转换为可以利用的高品位热能，从而达到节约部分高位能（如煤、燃气、油、电能等）的目的。

- 虽然需要消耗一定量的高品位能，但所供给用户的热量却是消耗的高位热能与“泵”取的数倍低位热能的总和。因此，热泵是一种高效节能减排装置。

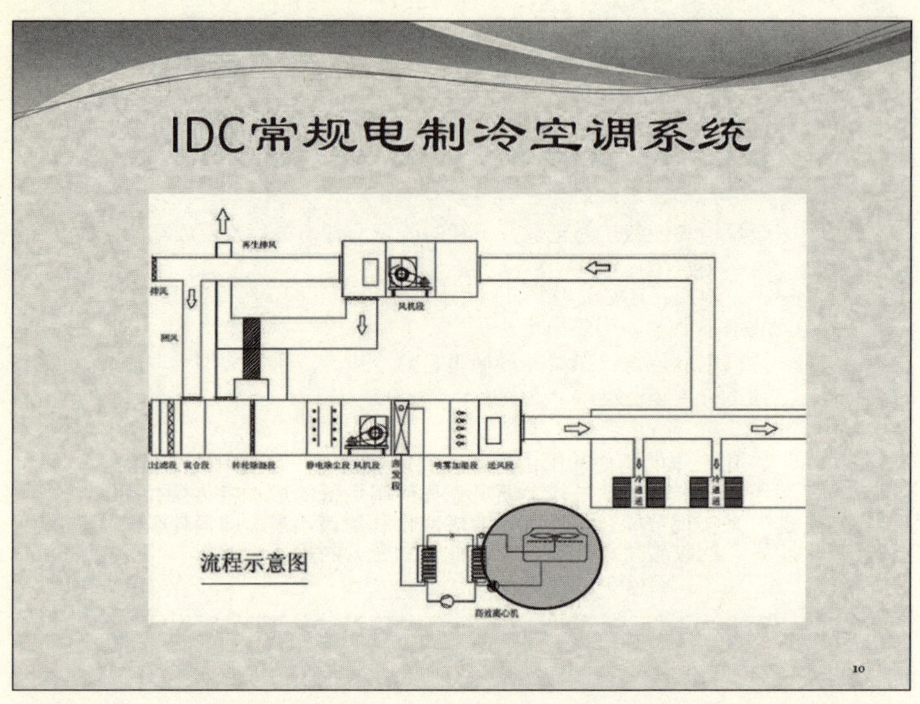
IDC常规电制冷空调系统
再生排风
排风
回风
风机段
过滤段
混合段
转轮除湿段
静电除尘段
风机段
蒸发段
喷雾加湿段
送风段
流程示意图
高效离心机
10

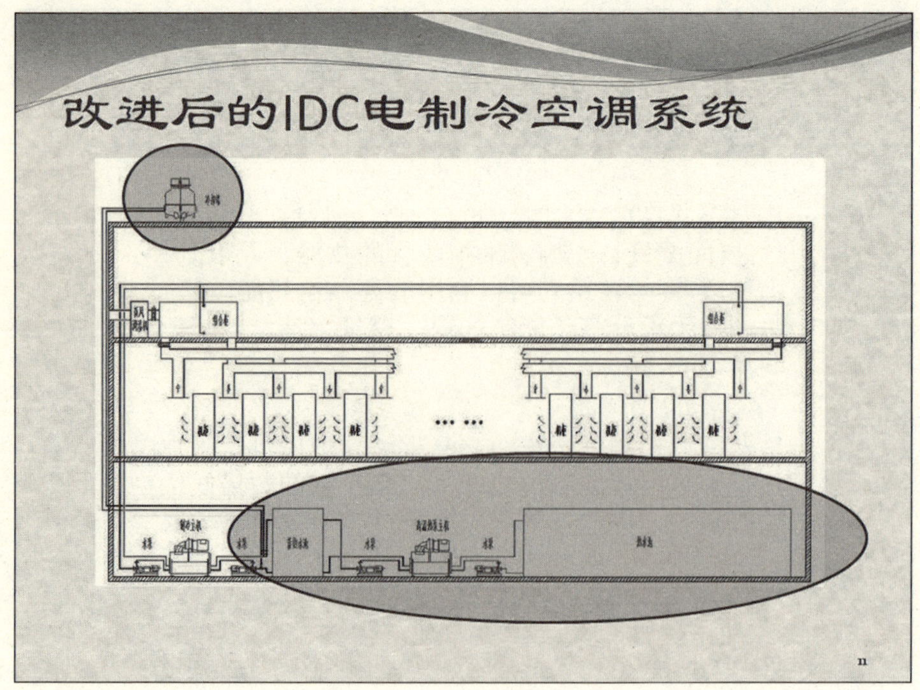
改进后的IDC电制冷空调系统
11

IDC回收热能热水的利用

- 1、直接利用
  - ✓ 企业生活使用、冬季取暖；
  - ✓ 供周边居民取暖、生活使用；
  - ✓ 供周边企业生产热源使用；

- 2、转化利用
  - ✓ 提高输出温度产生蒸汽，推动蒸汽发电机发电；
  - ✓ 利用其它低温发电技术将回收的热能转换为电能；
  - ✓ 驱动吸收式热泵制冷，降低空调系统电力消耗

12

IDC热泵技术节能风险及问题

- 相关产品和技术都非常成熟，但是电力消耗增加：采用压缩机热泵回收热量，需要消耗更多电能，虽然后续能通过热能再利用创收，冲销大量电费，但是电能的消耗量还是增加了，和目前国家节能减排考核模式不适应；另外电力供应能力是否足够、是否需要增容和能不能增容都影响系统实施；

- 回收资源直接利用率：回收的资源首先是热水，如何消化利用大量的热水实现减排收益？如何尽快实现温水发电？也影响项目实施；

13

高效制冷发电方案

- 本方案提出一个利用液态空气作为工作介质，吸收空调末端回水的热量，实现吸热、气化、升温，液体变气体，体积膨胀近千倍，可以得到高压常温的空气。
- 利用该高压空气推动气轮机发电，实现低温热量做功发电！
- 再利用流体力学的空气放大器原理设计气体混合引流器，减少液态空气气化量、高效率利用液态空气，进一步大幅提高发电效率。

14

高效制冷发电方案

- 整个发电系统输入只有回水热量，输出电力和少量气化的空气，可以实现低温热能高效转化为电能，实现资源循环利用；
- 液态气体临界温度-140° C以下，吸收常温热量后，处以超临界温度状态，工作压力可以很高，排放余压、余热影响很小，发电效率可以达到70%或更高；
- “低温热源”发电，还相当于输出“冷量”，可以实现对数据中心的制冷，是废热利用。
- 这种技术还将用于工作、生产很多场合下的余热回收、余热利用发电、错峰用电、调峰储能、其它清洁能源储能等用途；

15

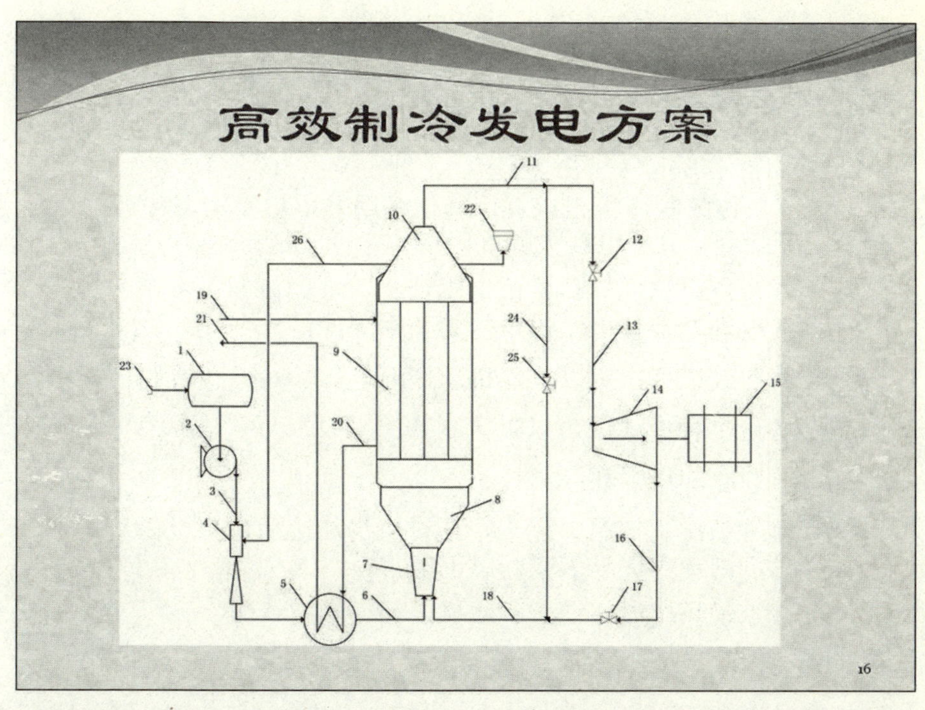

高效制冷发电方案

1、超低温储液罐；2、高压超低温液体泵；3、高压超低温管路；4、射流引流器；5、低温换热器；6、低温高压气管路；7、气体混合引流器；8、气体扩张段；9、中温换热器；10、气体收缩段；11、常温工作气体管路；12、气轮机输入阀；13、工作气路；14、气轮机；15、发电机；16、乏气气路；17、气轮机输出阀；18、回气管路；19、制冷回水输入管路；20、中低温换热器连接管路；21、制冷回水输出管路；22、余气排放口；23、液态空气加注口；24、检修短路管路；25、检修短路气阀；26、引流回气管路；

17

新技术的综合节能指标

1、省去传统制冷机组电耗，降低备用发电机发电量和装机容量，IDC电耗大幅度降低；

2、气轮机可靠性高，发电可靠性高；可以自发电自用，耗电进一步减少，供电能力要求降低；

3、制冷效果好，可以实现机房低温运行，对设备有利；

4、备份多种模式，可以直接制冷；

5、节约冷却塔水耗；

6、排气洁净、低温、无水，通过机房加湿后，可以做新风，进一步提高吸收热量的能力；

7、减少了热排放，低碳、减排、循环利用能源

18

经济性分析计算

以一个原设计总用电量5000Kw为例

传统系统投资运行数据如下：

- 空调系统耗电1500Kw，造价约450万；制冷量需求约为1500冷吨；
- 后备发电机系统容量5000Kw，造价约1000万；
- 每小时系统耗电5000度，按照0.5元计算，每天用电12万度，电费60000元；
- 每天耗水约100吨；约合500元；
- 每年运行直接费用：2208万元。

19

经济性分析计算

以一个原设计总用电量5000Kw为例

新装系统投资运行数据如下：

- 节省了空调主机系统，节省的经费与新增的液态空气制冷发电系统相当；
- 实际耗电下降为3500Kw，冷量需求约为1000冷吨；系统发电能力按照70%计算，可发电2500Kw；发电自用，则实际耗电1000Kw；
- 后备发电机系统容量1500Kw，造价约350万；一次性节省650万；
- 每小时系统耗电1000度，按照0.5元计算，每天用电2.4万度，电费12000元；
- 每天消耗液态空气300吨，市场价150元/吨，合计45000元；
- 每年运行直接费用：2080万元。减少128万元，应可获得节能减排补贴360万元。

20

节能环保分析计算

以一个原设计总用电量5000Kw为例

每年节约用电3500万度；按照我国1kWh发电耗328g（国家发改委公布数据）标准煤，燃烧一吨标准煤产生二氧化碳为2930kg，二氧化硫8.5kg，氮氧化物7.4kg，每颗大树每年吸收二氧化碳18.3kg，每棵树占地8㎡计算，与自然冷却方案相比，其环保效益如下：

- ✓ 节省标准煤4700吨，
- ✓ 节省水3.6万吨，
- ✓ 减排二氧化碳12000吨，
- ✓ 减排二氧化硫36吨，
- ✓ 减排氮氧化物31吨，
- ✓ 相当于种了68万棵树
- ✓ 增加绿化覆盖面积8200亩。

21

该项目的市场空间特点

- ✓ 国内外市场空白，发展空间大；
- ✓ 单个项目金额大，系统实施简单；
- ✓ 从小项目到大项目均可以应用；
- ✓ 符合国家能源政策，容易获得融资和补贴；
- ✓ 设备技术成熟，系统可靠性高、技术风险小；
- ✓ 节约能耗效果明显，社会经济效益突出。

22

项目运作的基本思路

- 采用专利保护创新点、提高产品技术竞争门槛；
- 与品牌企业合作，确保产品和服务的质量；
- 寻求节能领域的资源优势企业合作，确立先发优势；
- 抓住电信行业优质用户，找准模式，以点带面；
- 先进的发展模式，借助资本的力量快速做大做强。

23

项目起步发展模式

- 首先针对电信运营商的IDC机房节能改造应用为主要市场；
- 以合同能源管理的模式，确定资源提供方、设备服务提供商、资金来源、运营管理等各方；
- 各方采用多方合作，效益分成的方式获得收益；
- 前期资金设备从小到大，逐步投入，以市场为导向；
- 系统保持兼容性、灵活性，做好示范工程；
- 申请政府各项支持、优惠政策。

24

项目实施步骤

第一阶段：原理样机制作

采购一台50千瓦左右的气轮发电机组，定制一台每小时气化200公斤液态空气能力的水浴气化器，费用支出约100万；然后应用本方案技术，我方提出方案要求，寻求有经验、积极配合、有相应能力的合作研发团队外包委托开发或者合作开发，保证进度、效率，保证资金的使用效率，控制风险；完成后进行专家成果评审。总投资约300万

25

项目实施步骤

第二阶段：小型示范工程

针对一个5000千瓦左右的数据中心，在原理样机成果基础上，委托专业设计院进行设计，委托国内外知名厂家根据设计容量要求定制汽轮发电机组和气化器系统；根据设计院设计文件面向社会进行施工安装工程招标；改造费用约1000万，节电目标80%，节水目标是0水耗；项目完成后，组织专家评审。

第三阶段：推广应用

在示范工程成功后，在政府扶持下，数据机房企业根据自身投资、节能增效目标，整合社会资源，采用不同融资合作模式，开展节能增效热泵技术应用改造。

26

财务预测分析

目前启动项目，总投资不大，一旦前期样机完成研发，专利技术可以实现10倍以上增值，投资回报容易实现。问题的关键仅仅在于项目是否能实现的技术可行性，财务投资容易预测和分析。

- 投入资金回收预期
  - 半年内通过样机完成技术鉴定，确认市场地位和价值，1年内技术股权溢价转让初步获利，3年左右逐步开始实现综合收益
- 直接技术转让回报
  - 一次性或阶段分步技术转让、产品生产和专利使用授权、政府扶植、社会资金参与实现技术专利溢价增值
- 未来投资回报预期
  - 工程技术授权的专利技术提成获利，技术参股后所持股权资本运营升值
- 政府扶植资金申报
  - 有原理样机做基础，具备条件申报政府扶持资金、实现资源升值

融资金额及使用计划

作为一个天使投资合作项目，考虑到未来项目进一步发展的需要，以及项目第一阶段务实的资金需求，也综合业界惯例，做出如下计划：

- 项目股权出让
  - 出让30%，融资300万，达到100万项目就具备启动条件。
- 资金用途
  - 研发直接费155万：购买液态空气气化系统15万，汽轮发电机组购买费100万，特殊零部件加工改造费40万。
  - 研发人工间接费45万：技术工人工资，研发场地租金，商务员工工资等。
  - 项目鉴定认证费用50万：鉴定会，论文发布，专利申报，推广宣传联络。
  - 备用金50万：各种不可预见费用支出，预留用于确保项目顺利实施。

第三节　厨具锅炉节能增效

厨房灶具节能革新技术

利用热泵技术实现高能效热源节能减排V8

2013年8月18日

目录

该项目的创新价值点

- ✓ **思路：**改变人们需要热能就用能源物质转换的惯性思维，需要能量首先看看周围有什么介质里面含有热能可以借用、利用；
- ✓ **方式：**耗费少量能源从其它介质中“搬运”、“借用”换取更多热能；
- ✓ **减排：**回收再利用环境中的已有热能，减少能源消耗；
- ✓ **技术：**发挥各种“热泵”技术的能量“放大”、“提升”作用；
- ✓ **结果：大比例节能、高耗能环节应用，节能减排效果显著！**

3

一、灶具能耗现状

- 1、消耗能源产生热量

  加热的过程中，通常都是采用燃料燃烧、电能转化等方式获得热量，都是通过能量转换新产生的热能。不是借用、利用其它系统的热能。

- 2、能效比低

  能量转化利用的效率，最多也就是100%，有些如采用燃煤、燃气的情况，热效率也就不到50%。能源利用效能比不可能突破1，大多数都在0.5以下。

- 3、工作环境能耗大

  厨房中的工作空间由于产生大量热量，通常温度较高，需要通风散热或者利用空调系统调节温度，各种方法需要消耗更多的能源。随着能源价格的上涨，额外的能源消耗将给餐饮行业带来很大的经济压力。

二、热泵灶具

采用“热泵”原理制作蒸、煮、熬、炖的灶具，一改千百年来习惯的能量直接利用获取热量的方式，高效率的从空气或其它介质中“搬来”热量供灶具使用，能效比从100%以内，突破为200%~600%，以后随着技术进步还可能不断提高。

另外，因为空气源热泵灶具本身还产生冷气，冷热在厨房内就能中和一部分，为实现“凉爽厨房”做出贡献，减少环境空调制冷消耗。

大型厨房、食品加工场所采用水介质来调蓄热能，蒸煮食品的水源热泵灶具从热水介质中获取热量工作；冷藏车间、冷库、制冰系统或者空调系统等各种厨房热回收系统又把收集到的热量送回水介质中供再次利用；这样整体环境内能源综合利用，节约大量能源消耗，大幅减少能源消耗和碳排放。

二、热泵灶具

- 1、热泵保温灶具（70摄氏度）

  空气源热水器达到70度，已经开始普遍应用。

- 2、热泵炖煮灶具（110摄氏度）

  在上述70度基础上，提高热泵工作输出温度，直接高效率产生100度以上的温度。目前已经投入试用。

- 3、热泵煎炸灶具（180摄氏度）

  热泵输出温度不断提高，并采用油介质，实现高温热量传输，目前主要技术设备、冷媒改进已经完成，技术难题均克服，具备量产的条件。

- 4、热泵炒制灶具（230摄氏度以上）

  随着热泵技术不断改进提高，最终可以实现替代全系列灶具。

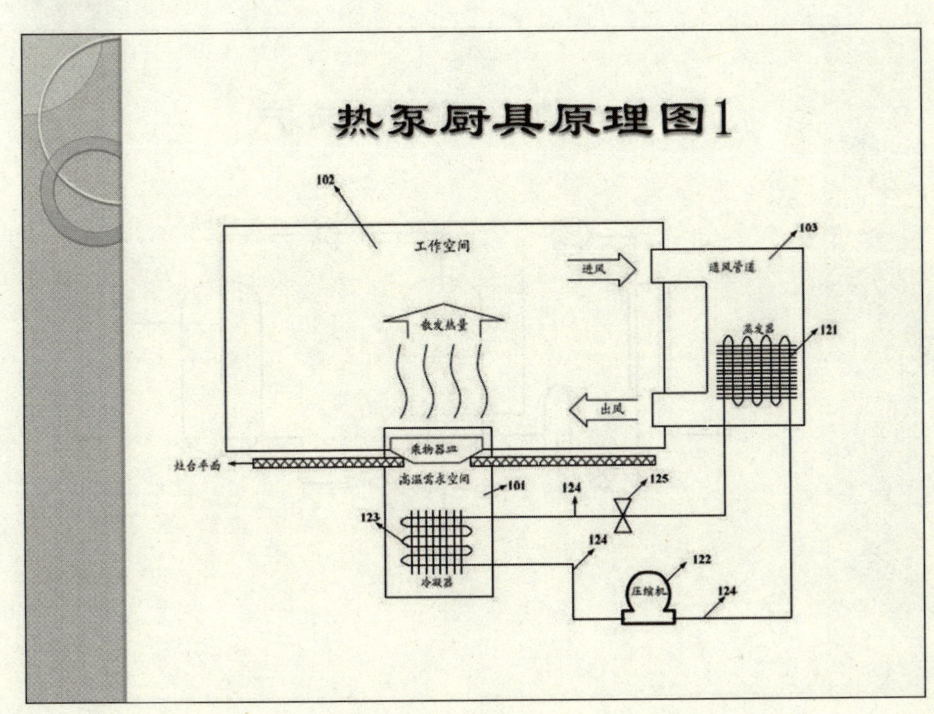

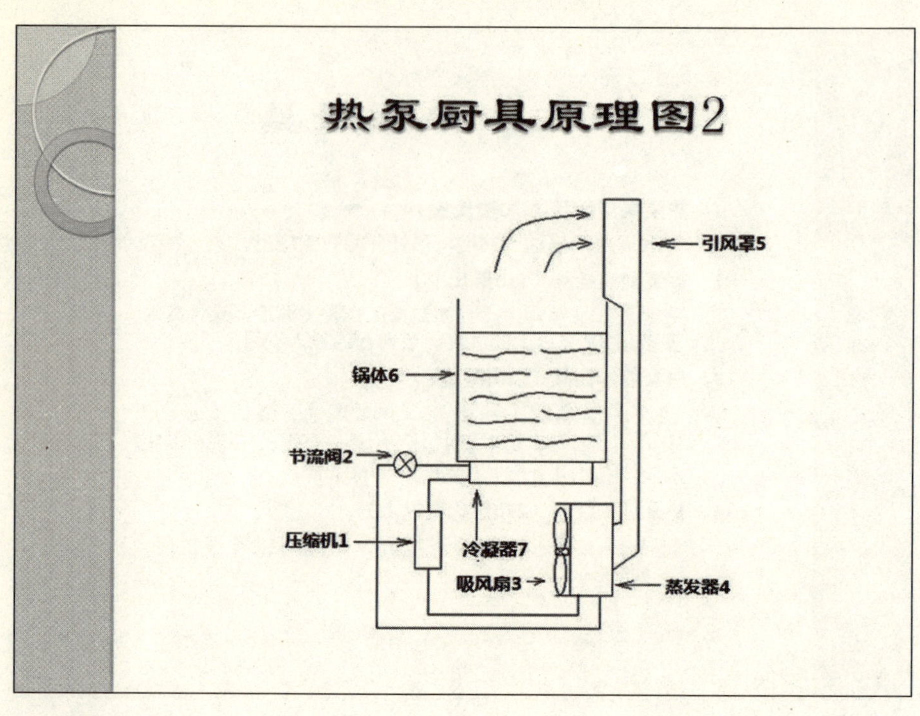
热泵厨具原理图2
引风罩5
锅体6
节流阀2
压缩机1
冷凝器7
吸风扇3
蒸发器4

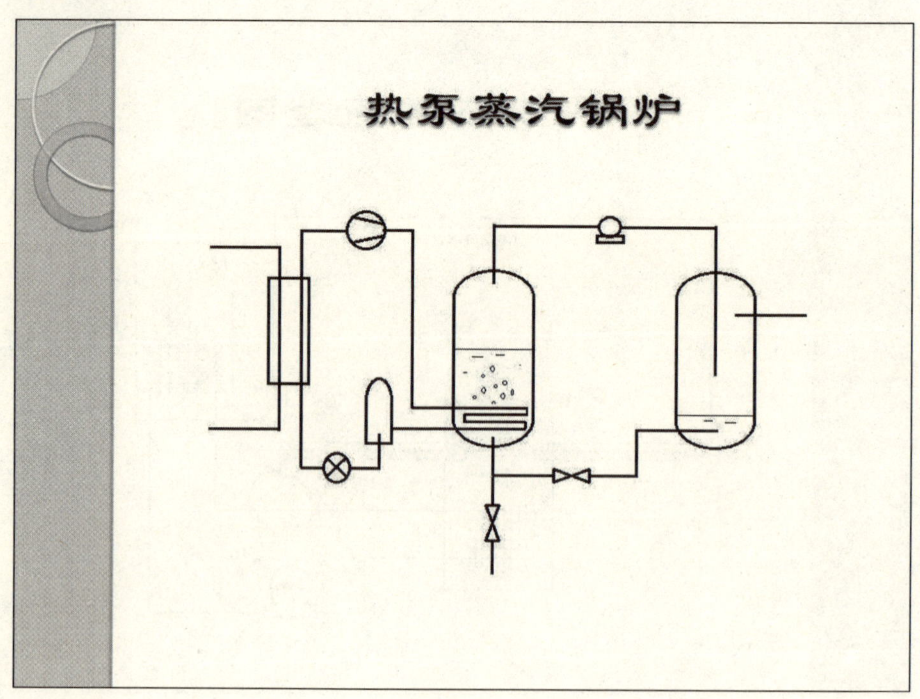
热泵蒸汽锅炉

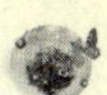

热泵汽水锅炉

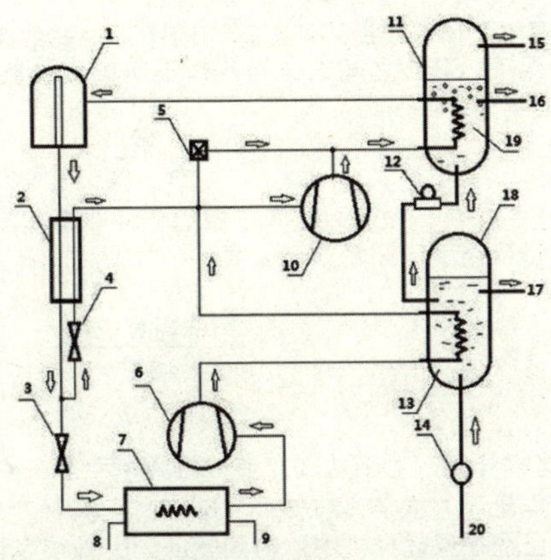

1、储液罐；2、回热器；3、低压膨胀阀；4、压温膨胀阀；5、电磁阀；6、低温压缩机
7、蒸发器；8、热源液入；9、热源液出；10、高温压缩机；11、蒸汽水罐；12、水泵；
13、热水；14、补水泵；15、蒸汽出口；16、开水出口；17、热水出口；18、热水罐；
19、开水；20、软化补水入。

三、热泵技术介绍

- 热泵实质是一种高效率热量搬运装置，热泵的作用是从周围环境或指定对象中吸取热量，并把它传递给被加热的对象，其工作原理与空调、冰箱制冷机相同，都是按照逆卡诺循环工作的，所不同的只是工作温度范围不一样。
- 如空调压缩机，可以高效率将室内外的热量来回搬运，夏天，把房间的热量搬到室外；冬天把室外的热量搬到室内。
- 热泵在工作时，它本身消耗一部分能量，把环境介质贮藏的能量加以挖掘，通过传热工质循环系统提高温度进行利用，而整个热泵装置所消耗的能量仅为输出热量中得一小部分，因此，采用热泵技术可以利用品位能源，节约大量高品位能源。
- **热泵技术，是目前人类已知的、唯一一种具有能量“放大”作用的技术手段。**

三、热泵技术介绍（效率）

理想气体卡诺循环和卡诺逆向循环中的效率只与两热源的温度有关。两个温度T1和T2之间工作的各种工质的卡诺循环的效率都由下式给定：

$$\omega = \frac{T_2}{T_1 - T_2}$$

这是在T1和T2两温度间工作的各种热泵制冷、制热系数的最大值。换算成摄氏温度，则是如下公式：

$$\omega = \frac{\text{目标温度}+273}{\text{温差}}$$

这样计算，对于从20℃空气热源中取热，到达100℃的热泵装置能效比的理论最大值是: 373/80 = 4.66，目前实行2~3倍能效比是完全能实现，并且已经在原理样机中的得到验证。另外很多情况下，在工作温度逐步上升过程中，低温差段的效率还会更高。

三、热泵技术介绍

按照工作原理划分，目前各种热泵效率：

- 1、机械热泵
  能效比COP值在3~11.2之间
- 2、热管式热泵
  能效比COP值在10~40以上
- 3、半导体热泵
  能效比COP值>1.2~1.8
- 4、吸收式热泵
  能效比COP值>1.2~1.5

三、热泵技术介绍

过去近二十年技术应用，按照能量来源划分，主要有：

- 1、空气源热泵
- 2、水源热泵
- 3、地源热泵
- 4、混合热泵

压缩式热泵技术原理

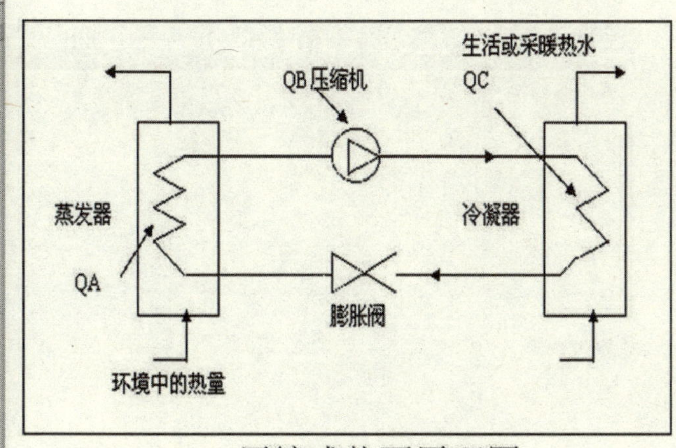

压缩式热泵原理图

- **1、节能**

  搬运能量比能量在守恒定律下实现转换，产生热量的效率高很多，最高可以达到11.2倍甚至更高，即1210%，得到同样热量的能量消耗理论上是原来的10分之一，和原来0.5能效比而言，节能显著！

- **2、减排**

  能量消耗可以下降到原来的三分之一以下，对环境热排放则减少到四分之一或更低，实现人类几百年来梦寐以求的“冷厨房”概念，是几千年来厨具行业的一次变革！

- **3、环境友好**

  灶具本身还产生冷气、冷量，用于空调、冷藏、冷冻、制冰综合利用，冷热在厨房内就能中和一部分，为实现“凉爽厨房”做出贡献，能源消耗。

热泵厨具的节能效率

能量来源	热源温度	加热目标温度	能效比	节能率
厨房环境空气	20° C	20° C	>10	90%
厨房环境空气	20° C	60° C	8	87.5%
厨房环境空气	20° C	100° C	4	75%
回收废热水源	60° C	20° C	>10	90%
回收废热水源	60° C	80° C	>10	90%
回收废热水源	60° C	100° C	8	87.5%

厨具产品投资回收和盈利估算

- 热泵厨具的技术优势决定了该技术方案必将成为厨具市场更新换代的必然趋势，热泵厨具的研发成果，必将为企业带来不可估量的经济产能。
- 举例：热泵厨具特殊的节能效果，一般会在一年内通过节能方式将成本收回，锅炉等其它供热方式一般使用寿命只有五年，而热泵机组的使用寿命可长达十五年。
- 热泵厨具产品是一次变革，按照每台套1万元计算，推广到全省、全国的餐饮企业，会有数十亿、数百亿以上的市场份额。按照10%的净利润，也能有数亿元利润空间。

18

五、投资回报综合估算

- **1、产品成本**

  厨具成本增加大约100%，即原来3000~5000元的厨具，新产品价格大概增加5000元。针对某些本来综合控制功能较多的高端产品，成本增加的比例因加热部分本身比例不大，新产品成本增幅相比较低！

- **2、投资回收**

  厨具耗能通常都在5~10千瓦以上，每天工作4小时耗电就达到40度，如果节能50%，一年节省电能价值近万元，加上释放“冷量”节省的空调耗电，投资回收期会更短。使用频率越高、时间越长，投资回报期越短！

- **3、销售模式**

  目前国家大力支持节能减排，合同能源管理公司就负责采用创新模式推广节能产品应用，用户可以“免费使用”节能设备，只需要将节约的能源价值转付给合同能源管理公司，一段时间后，设备归自己所有，厂家、用户、能源管理公司、国家均受益。

  银行也能给企业提供小额消费按揭贷款，生产厂家提供担保，设备安装后，银行验收放款，餐饮企业用节省的相应的电费就足够缴纳银行按揭贷款，还完贷款后设备归餐饮企业所有。操作简单可行。

六、节能减排综合效能

北京市大约60000家餐饮企业，每一家企业能耗在30~700千瓦，如果推广采用热泵技术灶具，按每家企业使用1~2台热泵厨具计算，节能至少10千瓦，全市餐饮企业能耗降低60万千瓦。省去一座中型发电厂，按每天平均工作2小时计算，每年节电：4亿度，相当于:

- **节约标准煤：176952吨**
- **减少碳排放：518400吨**
- **相当于植树9669500株**
- **相当于绿化116150亩**

全国有大约270万个餐饮企业，如果每个餐饮企业使用一个热泵灶具，节能10千瓦，相当于减少电力需求2700万千瓦，相当于我国再建设了8个葛洲坝工程。

七、节能厨房设备

目前采用这一热泵技术生产的产品，按照100度工作厨具4倍左右能效比、保温类75度工作温度6倍保守估算，和现有的普通产品的能耗对比情况如下：

- **煮面炉：8Kw下降到3Kw,节能62%**
- **售餐车：6Kw下降到1Kw,节能83%**
- **洗碗机：65Kw下降到15Kw，节能77%**
- **蒸饭车：15Kw下降到3Kw，节能80%**
- **开水炉：13Kw下降到4Kw，节能69%**

采用伪沸腾技术、蒸汽热回收循环利用技术、厨房综合废热回收利用方案以后，还会进一步大大提高热泵效率，使得节能率还能进一步增加！

厨房中还有一些煎、炒、烹、炸的高温厨具，它们也能通过热回收方式充分利用其产生的热量，回收回来多数是热水。这些热能很容易被热泵厨具应用，实现厨房的能源综合管理，科学利用。

八、部分相关专利介绍

- 伪沸腾技术专利

本实用新型通过温度控制器和电控器控制加热器，使锅体内温度始终处于沸点以下，避免锅体中蒸煮的液体沸腾汽化吸收热量，通过空气泵向锅体内输送空气模仿沸腾状态，使食物在锅体中翻腾运动，增加与液体的传热促进其受热，防食物发生粘连，在降低能耗的情况下使得其加热食物的效果和普通沸腾灶具相当。

- 蒸汽回收专利

本实用新型将空气热量和汽化潜热回收利用，从而实现了有效利用蒸汽中含有的大量凝结热热量，减少了热量直接排放到空气中造成的浪费，并且有效改善了厨房或者房间中的操作环境，避免了厨房或房间中由于大量热放蒸汽排放造成温度过高、湿度过大的问题。

九、合作新创立企业机构设置

- 专利事务部

负责联络专业律师服务机构，做好专利申报、预警、防卫阻击、购买转让、维权、国际专利申报、政府专利申请补贴申报；

- 技术研发部

结合厨具市场需求，继续开发全系列蒸、煮、炖、保温、制冰、开水等系列厨具样品，实现实验室定性研发实践；同时根据资金情况，提出新的技术创新点、委托科研机构进行技术攻关、实现定量精确技术参数研究，不断提高产品节能减排技术指标；

- 资本运营部

做好资金筹集、资本运营工作，面向社会资本、政府扶持、市场转换合作几个方面为企业发展准备足够的资金，并按计划步骤实现企业自身和合作参股企业上市、定向增发的远期近期目标；负责公司后期各独立上市业务的资本运作。

- 产品推广部

寻找有诚意、有规模、有信用的国内外知名厨具厂家合作，进行技术转让、专利授权，协调合作厂家和公司项目孵化团队实现专利技术产品转化，利用合作单位的生产能力、产品化技术团队、市场推广的成熟渠道、知名品牌的影响力，尽快实现市场占有，获得良好的经济效益和社会效益。

23

十、新创立企业资金用途

- 专利事务部

  资金用于新专利申报（每件约1万）、相关争议专利回购（每件约5万）、国外专利申报（每件60万）；后期国家会给与企业补贴；少量办公、工资费用；

- 技术研发部

  根据热泵厨具适合的温度范围，选择一系列厨具研发目标，按照每个样品10万元材料、人工等费用，外包委托开发，保证进度、效率，保证资金的使用效率，控制风险；

- 资本运营部

  通过猎头公司、朋友推荐，逐步培养、建立企业的资本经营、政府关系团队，为企业今后发展奠定基础。主要支出是办公、人员工资、招聘培训等费用。

- 产品推广部

  在于知名企业合作过程中办公、人员、差旅费用，资金许可的情况下，在需要参股的时候，适当投入现金，增加我方的话语权、提高合作伙伴的信心，增加技术合作的含金量和未来回报。

24

第十一、财务预测分析

目前启动项目，总投资不大，一旦前期样机完成研发，专利技术可以实现10倍以上增值，投资回报容易实现。问题的关键仅仅在于项目是否能实现的技术可行性，财务投资容易预测和分析。

- 投入资金回收预期
  - 1年内通过样机完成技术鉴定，确认市场地位和价值，技术股权溢价转让初步获利回本，2年左右逐步开始实现综合收益
- 直接技术转让回报
  - 一次性或阶段分步技术转让、产品生产和专利使用授权、政府扶植、社会资金参与实现技术专利溢价增值
- 未来投资回报预期
  - 授权厂家生产产品的专利技术提成获利，技术参股后所持股权资本运营升值
- 政府扶植资金申报
  - 有原理样机做基础，具备条件申报政府扶持资金、实现资源升值

第十二、融资金额及使用计划

作为一个天使投资合作项目，考虑到未来项目进一步发展的需要，以及项目第一阶段务实的资金需求，也综合业界惯例，做出如下计划：

- 项目股权出让
  - 出让20%，融资200万，达到50万项目就具备启动条件。
- 资金用途
  - 研发直接费按每台样机4~10万：生产10种以上不同品种用途的厨具、小型原理验证锅炉，其中包含技术研发人工、材料、特殊零部件加工改造费。合计费用100万；
  - 研发人工间接费35万：技术工人工资，研发场地租金，商务员工工资等。
  - 项目鉴定认证费用30万：鉴定会，论文发布，专利申报，推广宣传联络。
  - 备用金35万：各种不可预见费用支出，预留用于确保项目顺利实施。

十三、研发的煮面灶理论验证样机

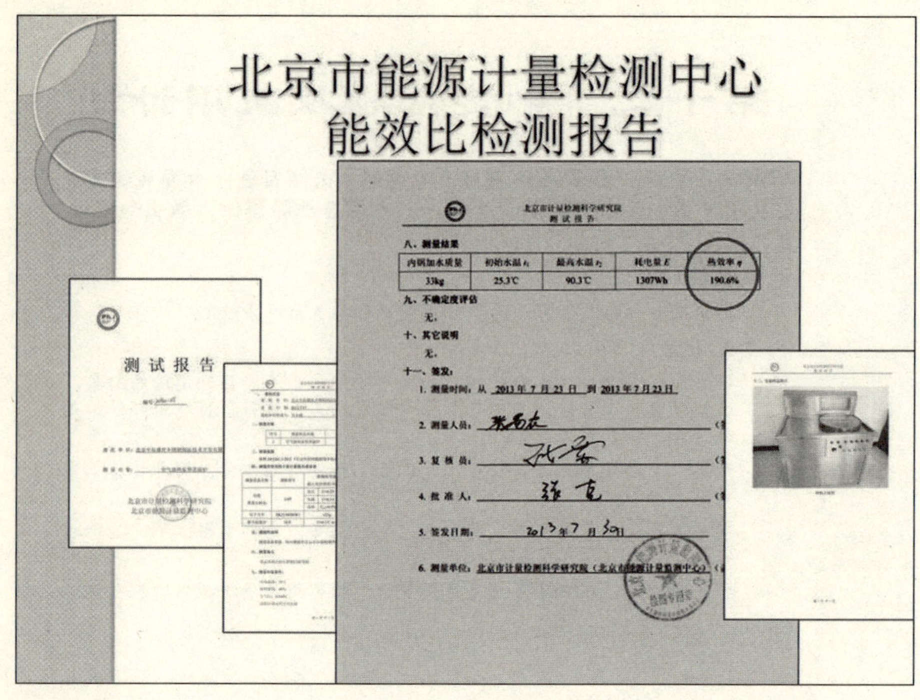

- 节能能效检测报告的结论是：平均能效比1.9，也就是节能48%！根据理论值计算，后续提高节能率还有很大的发展提高空间。 最新进展是长时间保持沸腾，可以实现能效比2.0以上。具备制作各种电锅炉的条件了！

- 视频、图片、检测报告可以在下面地址下载：http://pan.baidu.com/share/link?shareid=3568440897&uk=2970640941

- 这个事实回答了热泵压缩机能否烧开水？烧开水的时候有没有较好的能效比？实际上2012年以来，很多学术界同行已经在探讨在较高能效比下实现较高的温度输出，有些文献达到160摄氏度，我们自己采用油做输出介质，温度已经达到180摄氏度以上。

- 热泵这个成熟技术的广泛应用，必将带来一场新的工业革命、能源革命，它具有大比例节能、可以应用于高耗能环节的特点，为节能环保产业的发展带来真正的机遇！

希望大家能共同关注并支持这一变革，积极参与，共同将这一人类目前唯一掌握的能量“放大”利用技术的推广，实现大幅度节能减排目标，维护好我们共同的地球家园！

谢谢！

第四节　燃料液态空气动力车

项目概述

随着人类社会的高速发展，大量动力机械得以广泛应用，并已经成为人类社会不可或缺的一部分。技术较为成熟的内燃机在汽车及各作业设备应用较为普遍，通过将燃料的化学能转换成机械能实现动力的输出。然而，现有内燃机燃料燃烧产生的热能相当一部分的热量通过冷却系统散发掉，大部分被排放到环境中，使得内燃机效率仅达到20%_30%。

有鉴于此，亟待另辟蹊径提供一种动力技术，在有效提升内燃机效率的基础上，降低能源消耗和排放污染。

本项目的技术提供一种采用燃料和液态气体的混合动力装置，以基于液态气体和燃料作为形成驱动力的基础源，该系统可以充分利用燃料燃烧过程中释放的热能，实现液态气体的预膨胀，以及在气缸体内膨胀过程的热量提供，进而可最大限度的提高燃料利用效率，克服了传统内燃机的热损失问题。在获得同样动力性能的前提下大大减少燃料使用量，大幅度降低污染。节能增效！

第一、市场空间分析

- 动力机械目前的现状
  - 内燃机效率低25%左右、污染大、能源资源紧张、使用成本高
- 动力机械现状形成的原因
  - 蒸汽机时代开始的误区、长期惯性思维在高温工作、早期技术条件限制没有其它可选方案
- 动力机械变革的机遇
  - 多年的观念停滞应该有变革、技术材料进步硬件条件具备、经济条件具备、社会资源压力增加
- 动力机械变革的方向
  - 基本理念变革、材料工艺变革、信息化带来的变革、
- 动力机械变革的巨大空间
  - 改造市场空间大、新产品市场很大、国际市场巨大

- 项目的创意原理
  - 物理膨胀机原理不变，势能变动能不变
  - 调整工作温段，从升温高温膨胀，改为超低温到常温膨胀
  - 化学物理变化，从化学反应放热膨胀改为物理相变气化膨胀
  - 成本支出调整，从购买能源物质变为购买工作介质
- 项目的社会经济效益
  - 购买能源变购买介质，节能减排降耗增效明显
  - 原理不变，产业不需调整，社会现有产业资源充分利用，能快速形成绿色产能，实现社会经济效益
  - 环境资源循环利用、能量取之不尽，大大降低能源压力
  - 市场空间巨大、未来经济效益显著

第三、项目目标客户

- 项目的近期目标
  - 完成燃料液态空气混合动力原理样车研制、确定核心技术、完成理论研究成果
- 项目中远期目标
  - 与汽车厂、研究院完成在产车型生产套件、生产方案
  - 与改装厂、产品研究机构完成在用车型改装套件、改装方案
  - 各项技术指标定量理论深入研究
  - 3~5年完成产业变革的启动和基础样机、套件样机、理论工作
- 项目目标客户
  - 改装方案合作，客户是汽车厂家、发动机厂家，技术授权、专利提成
  - 市场在用车辆改装套件，直接客户是零部件厂授权生产，最终客户是修造厂、改装厂
  - 产品对象民用、军用；国内、国外；车辆、非运输动力

第四、产品应用场景

- 在用车辆改装
  - 与改装厂、产品研究机构完成在用车型改装套件、授权厂家生产
  - 通过改装厂、授权车辆改装连锁机构大量市场推广
  - 行业推广批量应用，公交、机场、军队、物流企业等
- 全新混合动力车生产
  - 与汽车厂、研究院在现有生产项目中应用
  - 与研究院合作，在新项目、新车型中嵌入
  - 特种车辆生产制造合作，如机场用车、公交用车、铁路、军队
- 应用效益分析
  - 液态空气安全、使用方便、加注站发展无障碍、可以家庭化自备
  - 车辆动力无差异、各种天气气候条件无影响、适应性强
  - 燃料成本改为介质成本，根据混合比例使用成本下降一半或更低
  - 混合动力部分应用物理变化，完全无污染、环境真正零排放

第五、核心竞争力

混合技术优势

- 项目发起人具有机械、电子、自控、空气动力、热工、管理、经济、教育等多学科混合实践经验优势

- 研发经验丰富
  - 项目发起人有近百个项目实际操作经验、近30年科研工作经历
- 科研模式务实
  - 采用科研外包、网络协作、专业团队合作等多种高效可控研发模式，低成本、高效率、有竞争机制，采用专利保护模式维护知识产权
- 项目思路清晰
  - 项目能量链清晰、阶段目标清晰、团队成长线路清晰
- 创新操作性强
  - 项目采用创新理念，尽可能借鉴利用成熟产品技术组合，可操作性强，实施技术风险低

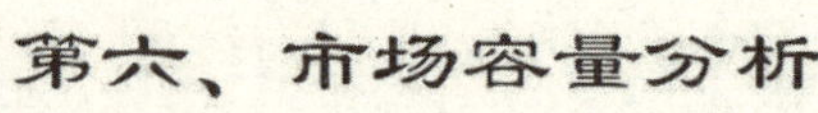

第六、市场容量分析

- 改造市场市场存量大势
  - 本项目可以对几乎所有现在市场在用的车辆动力进行改造，目前中国汽车保有量一亿辆以上，改造市场空间巨大。以每套改装套件3万元计算，有千亿以上的市场。
- 产能延续和新品介入
  - 本项目对现有汽车行业没有大的改变，机器设备、工装夹具、团队管理、服务保障都没有变动，可以快速实现应用，大量用于新型号车型。仅仅中国每年就是千万辆以上的产能，技术授权、新品应用技术转化费用可观。
- 社会效益享受政府支持
  - 本项目应用可以让动力机械大幅度节能减排，符合政府大力扶持和鼓励发展的产业方向，可以享受各级政府的扶持、补贴、资源补偿，综合受益。

第七、盈利模式

- 样车技术转让、短期开始获利
  - 本项目先期研发的原理样机，得到汽车厂家、研究机构认可后，可以转让部分技术股权，换取一定收益。该受益应该足已覆盖前期资金投入，实现早期获利；
- 项目宣传鉴定、技术进步溢价
  - 通过项目宣传、持续技术进步、深化专利保护等手段，实现技术增值，吸引各方投资资金介入，实现升值溢价。投资人可以持股等待或转让股权获利退出。
- 争取政府扶持，综合增值获利
  - 本项目可以享受各级政府的扶持、补贴、资源补偿，综合在科技地产、科技金融、无形资产升值等方面直接间接受益。
- 产品企业参股，资本运营获利
  - 除通过技术转让、技术提成等方式直接获利之外，在技术授权、转让过程中参股部分企业，调动资源扶植企业实现并购、上市，通过股权溢价、升值实现资本经营获利。

第八、同行对手分析

目前新能源车几乎一边倒的是电动车，油电混合动力车，还有少数厂家在研究压缩空气动力车，而整体业内对这两类车都不看好，以北京汽车为例，目前仍投入巨额资金建设传统发动机生产基地。

- 与电池动力车对比
  - 电动车属于储能释放，发展空间有限
  - 产业需要重新建立，包括设计生产设备、服务体系、行业人才
  - 电力能源供应难以满足，不论是发电能力、输电能力
  - 化学反应的原理造成电池生产、回收环保问题难以彻底解决
  - 大电流工作，从充电、蓄电、用电等各个环境安全性问题突出
- 与压缩空气动力车对比
  - 属于储能释放，能量利用效率低，储存密度低，没有前途
  - 空气动力机械启动早，但涉及热力学、空气动力等多学科，进展慢
  - 全新的核心发动机进展缓慢，功能不完善，产业难以形成
  - 压缩储能效率低、安全风险大、成本高

第九、实施可行性和基础

液态空气动力和混合动力车，在环保、节能、减排、成本、产能实现等各方面因素综合评价，几乎是一个近乎完美的“终极”解决方案！

- 新动力系统能量利用效率高，充分利用所有燃料燃烧产生的热能，在环境温度较高的情况下，还能吸收利用一部分周围空气的热能，自然界能源参与循环利用，燃料能量利用率接近甚至超过100%
- 生产工作介质液态空气的过程属于环境能源系统应用工程，可以输出副产品“热水”，材料也是取自空气，使用后还原空气，纯粹物理变化，真正零污染！
- 利用多学科现有成熟技术成果做基础，实施可行性高。所需要的空气液化、储存、气化均有数十年应用历史，产业成熟、安全性经过历史考验。
- 可以沿用汽车工业现有生产、销售、服务体系，产能提升快。由于工作原理不变，现有的工业体系资源沿用，没有浪费！
- 项目经济效益显著，可行性高，投资回报实现快！

第十、目前项目进展

- 项目实施步骤确定
  - 先改造一台原理样机（样车），奠定项目发展的基础，然后争取风险投资和国家支持，争取和大型汽车企业合作，进行进一步产品化研发；
- 样机改造方案确定
  - 样机改造利用现有的成品设备做基础，寻求国内一流发动机研发企业技术人员参与合作，寻找相关产品厂家采用委托加工方式合作；
- 关键部件技术落实
  - 核心的液态空气储箱、高压气体喷嘴、气化器、超低温泵等关键部件合作对象均已落实，项目启动就可以开始洽谈；
- 合作伙伴团队确定
  - 项目已经获得多个新能源车投资人的初步支持，基本原理也获得一些技术专家的认可和支持，可以采用委托制作方式开展样机研发；
- 核心专利申报完成
  - 相关系统专利、关键技术专利均已申报。

第十一、可能存在的困难

液态空气混合动力车，研发过程中尽可能采用柴油内燃机、液化天然气技术等成熟技术和类似的替代产品，加快研发进度，但是也有可能遇到一些必须解决的全新的困难和问题：

- 个别零部件如喷嘴修配实现，借用和替代的产品，在相互调配使用时，需要一定的适应性修配，有可能存在一定难度；如用柴油机喷嘴改喷气嘴；（已解决）
- 控制喷气电脑系统开发风险，新发动机的功率、效率控制需要新增一个特殊的ＥＣＵ或者对原有车辆的ＥＣＵ进行改进，要求软件开发能力较高；（已落实）
- 气化器大小协调厂家组合，ＬＮＧ车辆的气化器直接应用存在输出压力小，气化量小的问题，工业气化器又存在小型化的问题；
- 有可能需要根据自有专利研发高压超低温泵，用于向气化器提高高压超低温液态空气，目前现有的小型泵压力低，高压泵体积大；
- 团队初次合作执行力需要控制，合作的各方技术力量从事全新的项目，都没有经验，虽有热情，但是具体工作中需要磨合；

第十二、团队人力资源

液态空气动力和混合动力车，需要技术人才，包括机械、电子、热力、气动、自控、专利、管理、培训等多个方面，前期有充分的准备，具备必要的人才条件：

- 项目发起人大学就读机械专业，留校工作从事自动控制，特长计算机软硬件研究，1993年即完成对小轿车全车计算机控制改造；有30年技术工作经验，20多年企业管理实践经验，具有全面控制项目的技术、管理综合能力；
- 研发模式先进、务实高效；采用专业技术工作外包协作，可以充分利用社会技术力量、调动积极性，30年经验和实践证明；
- 合作伙伴已经有发动机研发企业和技术人员、专利事务合作、机械加工合作等多个团队，均是国内知名发动机、汽车厂家、一流院校研究院所背景；
- 综合管理资源充分，多年企业实践积累大量管理经验，人才培养、团队激励、资金筹措、产业领域人脉等方面均有核心优势。

第十三、财务预测分析

目前启动项目，总投资不大，一旦前期样机完成研发，专利技术可以实现10倍以上增值，投资回报容易实现。问题的关键仅仅在于项目是否能实现的技术可行性，财务投资容易预测和分析。

- 投入资金回收预期
  - 1年内通过样机完成技术鉴定，确认市场地位和价值，技术股权溢价转让初步获利，3年左右逐步开始实现综合收益
- 直接技术转让回报
  - 一次性或阶段分步技术转让、产品生产和专利使用授权、政府扶植、社会资金参与实现技术专利溢价增值
- 未来投资回报预期
  - 改装套件、新车生产的专利技术提成获利，技术参股后所持股权资本运营升值
- 政府扶植资金申报
  - 有原理样机做基础，具备条件申报政府扶持资金、实现资源升值

第十四、融资金额及使用计划

作为一个天使投资合作项目，考虑到未来项目进一步发展的需要，以及项目第一阶段务实的资金需求，也综合业界惯例，做出如下计划：

- 项目股权出让
  - 出让20%，融资200万，达到50万项目就具备启动条件。
- 资金用途
  - 研发直接费55万：购买供改装的原车费，改装零部件购买费，特殊零部件加工改造费。
  - 研发人工间接费45万：技术工人工资，研发场地租金，商务员工工资等。
  - 项目鉴定认证费用50万：鉴定会，论文发布，专利申报，推广宣传联络。
  - 备用金50万：各种不可预见费用支出，预留用于确保项目顺利实施。

结束语

这个《燃料液态空气动力》项目，是从“瓦特蒸汽机”以来动力机械行业又一次革命性的尝试，虽然我们在基础材料、加工技术等很多实业技术领域落后别人几十年，但是创新、学习，中国人思想理论前进没有门槛、没有壁垒、没有基因差异，没有理由落后！

我们用创新的思想、用成熟的技术、用现有的材料和加工能力、用我们勤奋努力付出实现我们的应用创新，继续我们国家曾经有过的发展的奇迹，努力去创造一个“跨越式、后发式”进步，为实现寻找持久、长远的能源解决方案，为人类提供生产、发展所需的低碳、可再生动力而努力！让我们短暂的人生活的更有意义！

第五节　液态空气介质环境热发电

新项目方案特点

- 在火电厂几十年来一成不变的基本“朗肯循环”的工艺流程中，选用的介质是水，其特点是环保、容易获取、循环使用，沸点高、临界温度高、汽化热高；冷凝散热比例大；目前火电厂能利用的热源有限，必须高于100° C，几乎都是新增能源消耗。
- 针对现在火电、核电发电环节中工作温度过高，热电转换效率较低的问题，选择液氮、液态空气为介质，降低工作温度，实现利用环境已有热能、回收再利用的余热等低温热源发电。再进一步改进工作流程，减少工质的冷凝、再蒸发量，大大提高发电效率。

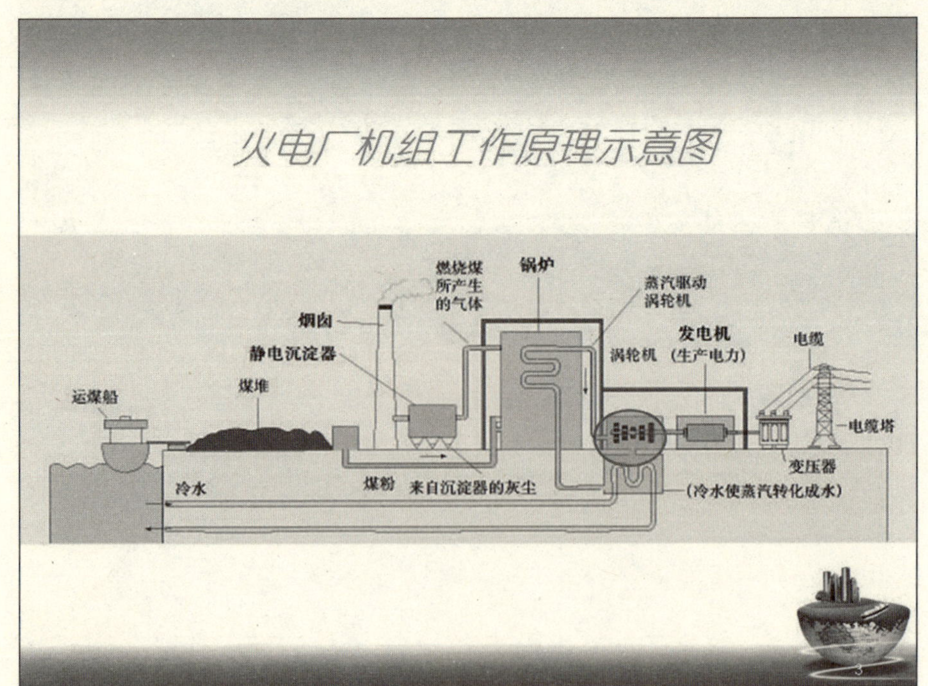

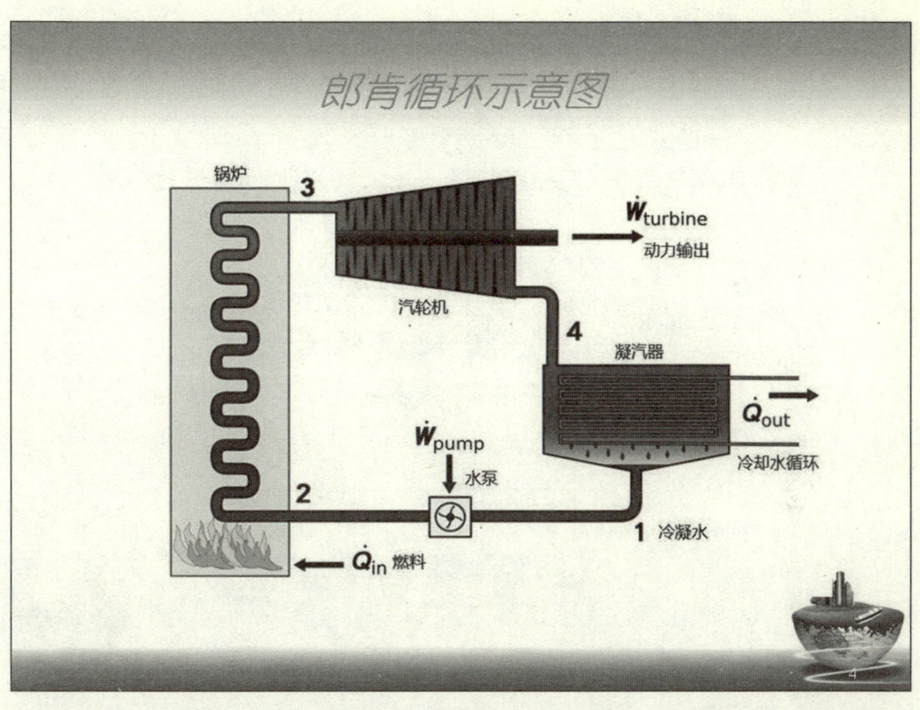

原理分析

❖ 如上图“朗肯循环”的工艺流程中，核心思想是工质受热升温、汽化膨胀、压力增大，热能转化为势能；势能在膨胀机内释放势能转化为动能，热量释放，温度、压力降低。冷凝环节放热凝结，体积缩小到1/1000左右，由高压工质泵高效率压入下一个环节实现循环。

❖ 这里可以看出，理论上没有限定必须是高温工作，没有限定必须是水做工作介质！只要工作温段和工作介质配合，就应该在不同温度段落都能应用朗肯循环！

国外行业进展

该原理在国外早已获得认可，并主要用于低温储能领域：

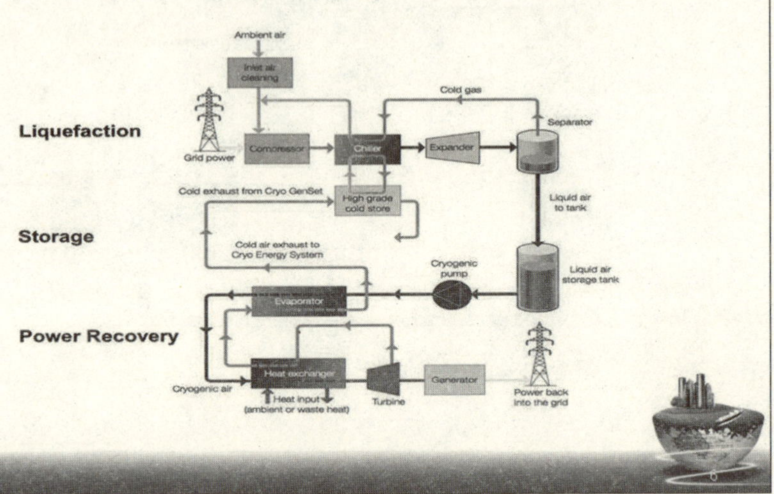

国内行业进展

该原理在最早1996年就有《低温能源发电的装置》专利出现，还有CN94105093、CN00125473A等专利，其中明确提到利用液态氮气利用低温热量转换电力的方法。国内同行近年来已经研究采用多级膨胀放能的方法，充分利用低温热能。

英国HighView公司的液态空气储能发电系统是目前世界上唯一中试的2.5MW级的液态空气储能发电系统。国内中科院叶完成了10MW超临界压缩空气储能系统的设计，1.5MW级超临界压缩空气储能系统完成了168小时运行试验，指标达到或超过课题考核指标要求。

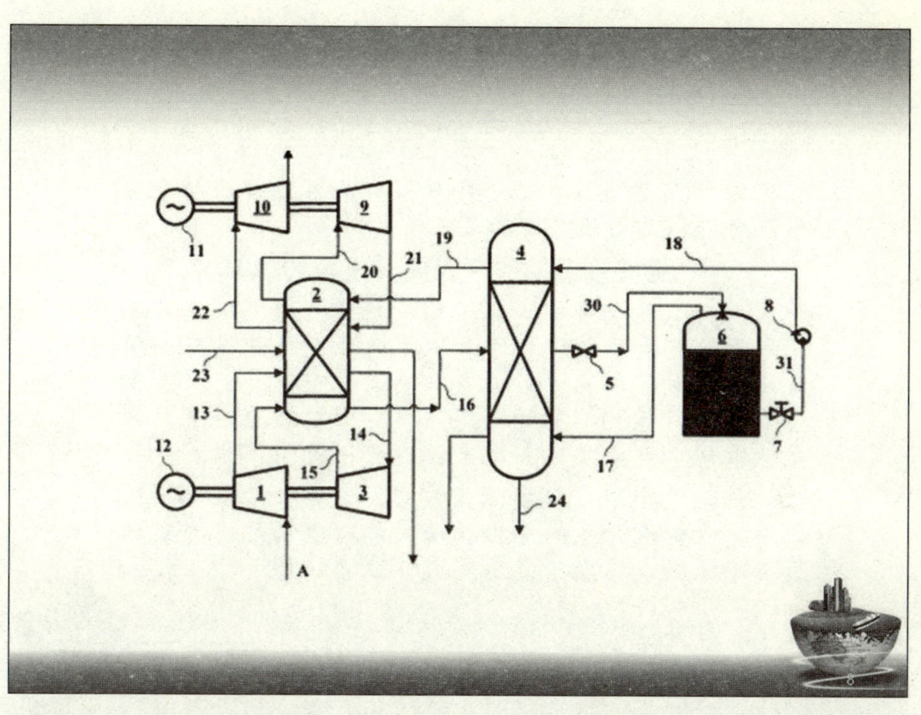
10
9
11
20
21
19
4
18
2
22
30
8
6
23
5
31
13
16
14
7
12
15
17
1
3
24
A

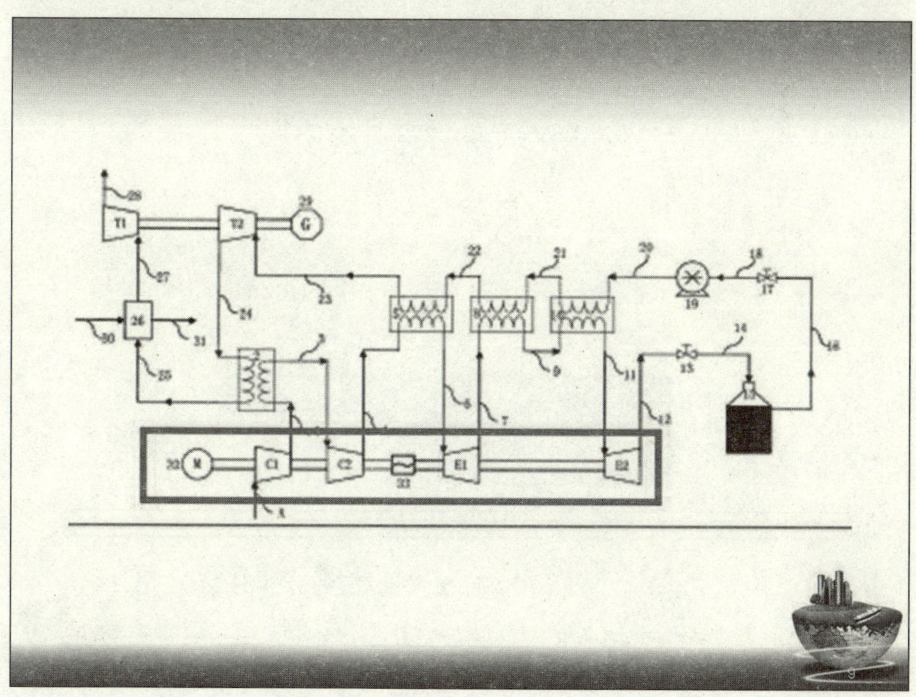
T1
T2
G
26
M
C1
C2
E1
E2
A

推广应用难点分析

为什么这项技术几十年来得到认可但没有推广应用？普遍认为存在以下问题：

热量转换电能效率太低，只有30~40%

为什么几乎没有人用于环境热能发电，而不约而同用于储能再释放过程？其中主要原因就是只有利用电网中毫无作用的“垃圾电”制造液态空气、液态氮气，然后回收30~40%的电能，才有可能较为经济！且远低于蓄水储能发电，几乎没有应用价值。

如果完全依靠环境热能发电，效率低于50%的情况下，连制造介质的电力、动力都难以满足，冷凝环节难以低成本实现，无法完成作业循环！

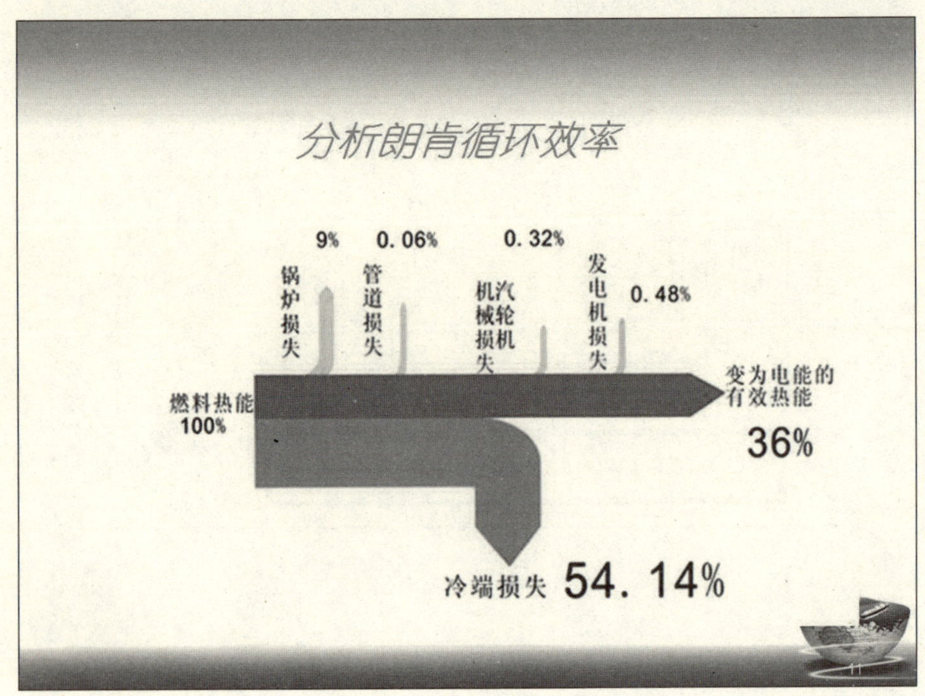

提高郎肯循环热电转换效率一个思路

火电厂基本工作流程几十年来没有变化，而近年来机械加工、材料科学、自动控制技术、流体力学等都有长足的发展进步，特别是流体力学、热力学的某些应用技术更加成熟，如射流、热泵应用，应该给这样一个关键能源产业的关键工艺流程带来一些变革；

利用流体力学的射流技术、科恩达效应，将大部分乏汽（气）直接增压利用，大部分介质不需要通过“冷凝—再汽化”这一循环，避免冷端损失，全过程不消耗动力、不浪费热量，必然可以提高热—电转换效率，减少热排放，大幅度提高热电转换效率，理论值从现在35%提高到90%以上或更高。

12

背景技术

- **射流技术：**高速高压的流体，能带动周围介质一并运动；即高压冷凝水射流可以吸收带动部分乏气直接再进入水浴气化换热器；而以某种形式喷射的气流，可以带动比该气流量大10~100倍的气体一起运动；高压气化气体可以带动大量乏气进入下一工作循环；
- **流体热力学：**流动的气体可以在运动中升温补熵，同一空间不同阶段的压力可以不同；气化气体可以在流动过程中逐渐补熵升温、增压；

13

射流技术

- 射流　jet
- 从管口、孔口、狭缝射出，或靠机械推动，并同周围流体掺混的一股流体流动。经常遇到的大雷诺数射流一般是无固壁约束的自由湍流。这种湍性射流通过边界上活跃的湍流混合将周围流体卷吸进来而不断扩大，并流向下游。射流在水泵、蒸汽泵、通风机、化工设备和喷气式飞机等许多技术领域得到广泛应用。

流体的动压、静压、全压

静压

由于空气分子不规则运动而撞击于管壁上产生的压力称为静压。气体量一定的情况下，简单的理解静压和温度有关；

动压

指空气流动时产生的压力，只要风管内空气流动就具有一定的动压，其值永远是正的。简单的理解动压和气流速度有关；

全压

全压是静压和动压的代数和，气体所具有的总能量。简单理解就是流体最终的总压力。

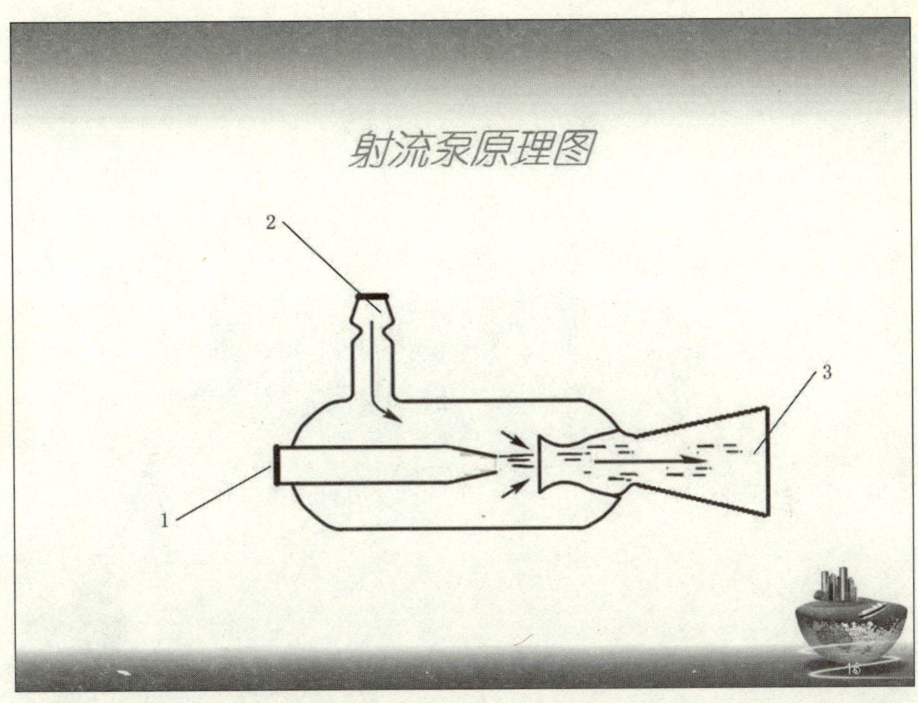
射流泵原理图
2
3
1
16

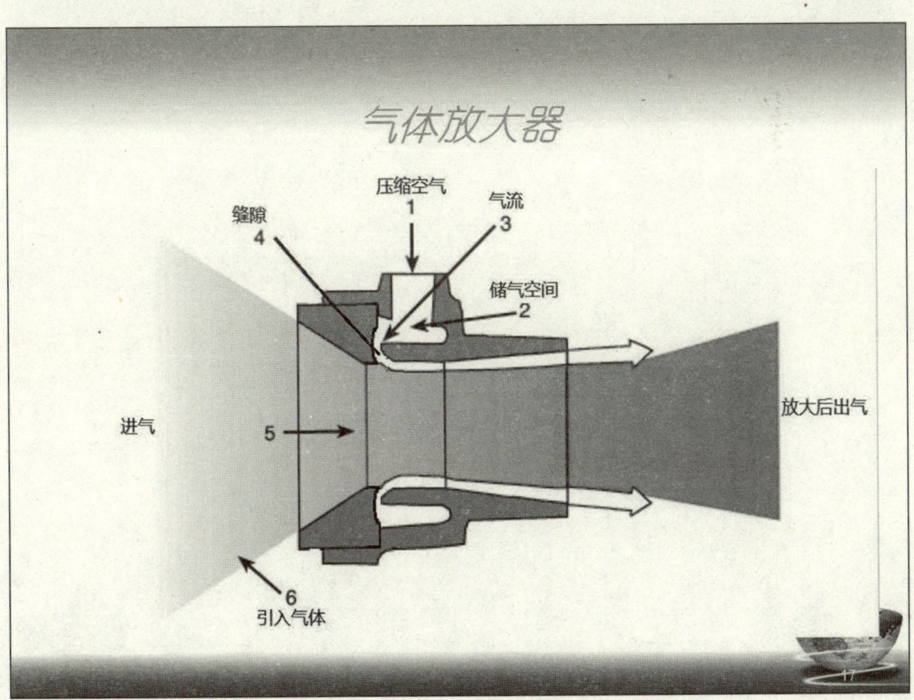
气体放大器
压缩空气
1
气流
3
缝隙
4
储气空间
2
进气
5
放大后出气
6
引入气体
17

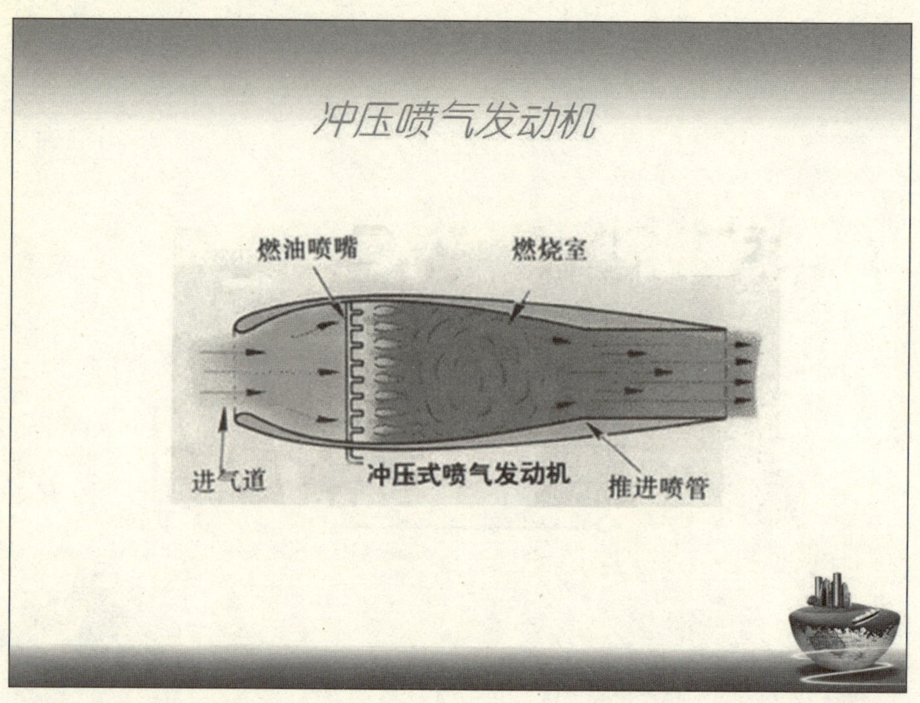
冲压喷气发动机
燃油喷嘴
燃烧室
进气道
冲压式喷气发动机
推进喷管

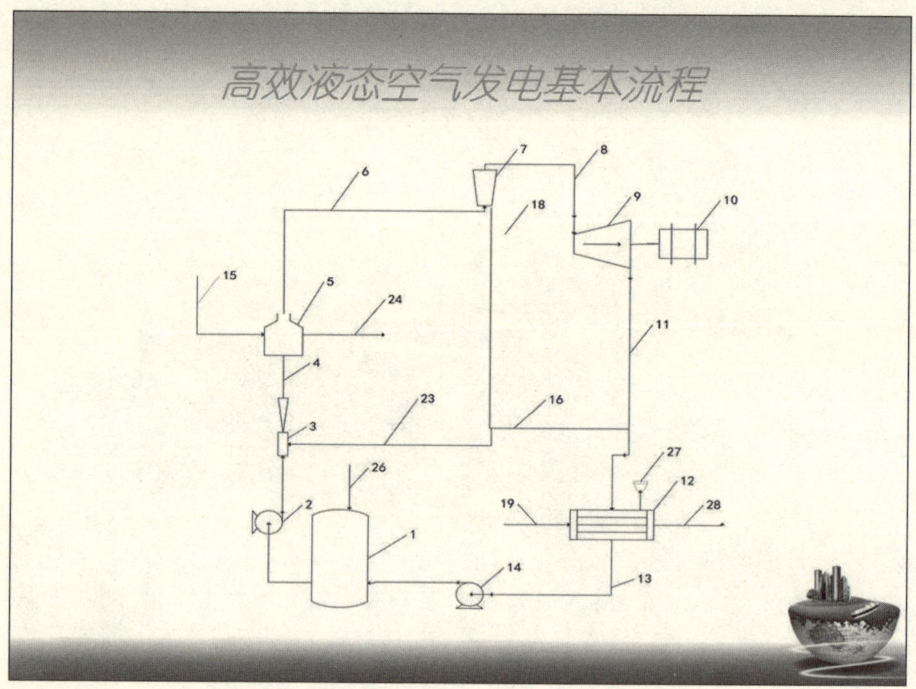
高效液态空气发电基本流程

附图说明：

1为液态空气储罐、2为高压超低温液体泵、3为射流引流器、4为高压超低温气液管路、5为高压低温换热器、6为高压气体管路、7为气体混合引流器、8为中压工作管路、9为气轮机、10为发电机、11为乏气管路、12为空气液化器、13为液态空气管路、14为液态空气泵、15为低温热源输入管路、16为气体扩张段、17为气体换热器、18为气体收缩段、19为冷媒高压管路、20为冷凝换热器、21为热泵压缩机、22为膨胀节流阀、23为射流回气管路、24为热源输入（出）管路、25为常温热源排出管路、26为补气管路、27为调压排气装置及28为冷媒低压管路。

方案经济性分析

1、基本方案：

大部分气化气体直接通过射流器、气体混合引流器直接再利用，空气液化器凝气量减少为原来的十分之一或更少，凝气器散热量下降到原来的十分之一或更低；冷却水循环动力、冷却塔、空冷器的整体运行能耗均大幅下降，发电效率可以提高45%以上，整体达到80%左右；

21

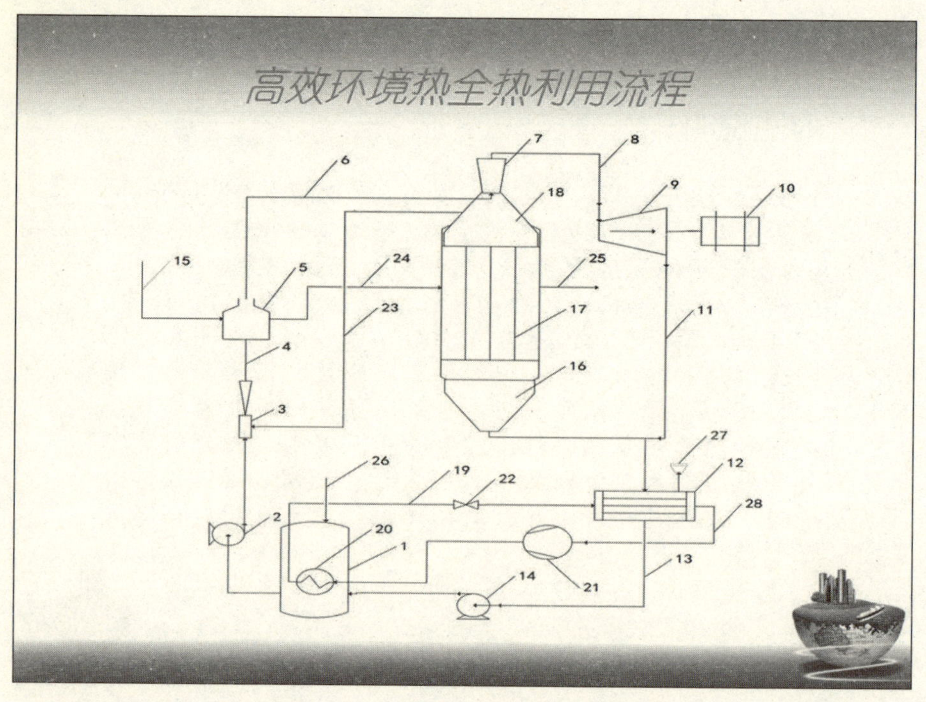

方案经济性分析

2、全热回收方案：

从节能减排角度出发，尽可能利用热能，彻底取消冷却水循环，采用热泵技术，实现保留的少量冷凝水冷凝热回收再利用。全系统没有散热环节，实现理论的100%。但是由于热泵系统的能效比只有3~6倍，因此回收再利用冷凝热热能时会损耗一部分机械能或电能，全系统整体效率能达到90%以上，但系统输出总功率将下降1~2%

23

该项目的市场空间特点

- 国内外市场空白，发展空间大；
- 单个项目金额大，系统实施简单；
- 符合国家能源政策，容易获得融资和补贴；
- 设备技术成熟，系统可靠性高、技术风险小；
- 节约能耗效果明显，社会经济效益突出。

项目应用实施要点

1、首先将购置加工成本较低的高压水浴气化换热器、射流泵、气体混合引流器组合，验证全系统循环过程，必要时改进调整，降低研发风险，避免损失；

2、核心创新点得到实验确认后，采购气轮机发电机组，构成全部应用系统，确保系统热电转换效率达到80%以上；

3、利用热泵系统，回收再利用空气液化器的凝结热，实现理论上的全热利用，热点转换效率进一步提高3~5%。

项目实施步骤

第一阶段：前期高效增压补熵系统实验

参考汽轮发电机组的常用指标，每发一度电需用汽15~25公斤计算，以未来推动100KW发电机组计算，总循环气量每小时约2000公斤；根据我们新工艺设计达到1/10以下的凝气量，每小时用液态空气量约200公斤，每公斤液态空气耗电0.28度，液化装置功率（内耗）将达到60千瓦；系统理论净输出40千瓦电力。

每小时吸收环境热能34400Kcal，热量折合标准煤5.7公斤，按国家发改委标准，折合发电标准煤13.12公斤。

26

项目实施步骤

第二阶段：原理样机研发实现

定做一套每小时汽化量200公斤液态空气，输出压力10MPa以上的水浴气化器，定做射流引流器、气体混合引流器，采购必要的管线、阀门、测量设备，合计预算30万元，进行高效增压补熵系统实验；

如前述系统达到设计预期，进而采购一台100千瓦气轮机发电机组约20万；定制一套小型撬装空气液化装置约100万；订购20千瓦以下的成品离心式压缩机进行技术改造，单台压缩机费用5万；其它辅助配件器材15万。寻求有经验、积极配合、有相应能力的合作研发团队外包委托开发或者合作开发，保证进度、效率，保证资金的使用效率，控制风险；完成专家成果评审。总投资约300万。

27

项目实施步骤

第三阶段：小型示范工程

计划设计一个10MW全新机组，在原理样机成果基础上，委托专业设计院进行设计，委托国内外知名制冷机厂家根据设计容量要求定制热泵机组；根据设计院设计文件面向社会进行施工安装工程招标；热电转换效率80%；项目完成后，组织专家评审。

第四阶段：推广应用

在示范工程成功后，各相关企业根据自身投资、节能增效目标，整合社会资源，采用不同融资合作模式，开展节能增效发电技术应用推广。

28

储能行业应用前景

- 能技术主要分为储电与储热，它的好处主要是移峰填谷意义重大，在发电厂角度能使发电更平顺和利用低峰发电能力，充分发挥发电机组作用，可以做到大幅度节能。目前储能方式主要分为三类：机械储能、电磁储能、电化学储能。
- 本项目已经超越储能-再释放的概念，在“储能”以后，还主要“撬动”环境热能参与“释放能量”过程，是储能手段的“终极”解决方案！
- 只要加大本项目中的液态空气储罐容量，错峰进行空气液化，就可以实现错峰储能的目的。项目规模可大可小，制备的液态空气可以管路输送或运输，非常方便，便于推广应用。

29

财务预测分析

目前启动项目，总投资不大，一旦前期样机完成研发，专利技术可以实现10倍以上增值，投资回报容易实现。问题的关键仅仅在于项目是否能实现的技术可行性，财务投资容易预测和分析。

❖ 投入资金回收预期
- 半年内通过样机完成技术鉴定，确认市场地位和价值，1年内技术股权溢价转让初步获利，3年左右逐步开始实现综合收益

❖ 直接技术转让回报
- 一次性或阶段分步技术转让、产品生产和专利使用授权、政府扶植、社会资金参与实现技术专利溢价增值

• 未来投资回报预期
- 工程技术授权的专利技术提成获利，技术参股后所持股权资本运营升值

❖ 政府扶植资金申报
- 有原理样机做基础，具备条件申报政府扶持资金、实现资源升值

融资金额及使用计划

作为一个天使投资合作项目，考虑到未来项目进一步发展的需要，以及项目第一阶段务实的资金需求，也综合业界惯例，做出如下计划：

❖ 项目股权出让
- 出让30%，融资300万，达到100万项目就具备启动条件。

❖ 资金用途
- 研发直接费175万：购买100Kw发电机组20万；高压水浴气化换热器及其它定制30万；小型撬装空气液化装置100万；热泵机组5万，特殊零部件加工改造费约15万。
- 研发人工间接费50万：技术工人工资，研发场地租金，商务员工工资等。
- 项目鉴定认证费用50万：鉴定会，论文发布，专利申报，推广宣传联络。
- 备用金：30万，一定程度保障零部件返工、方案调整的意外支出。

第六节　高效节能空气压缩系统

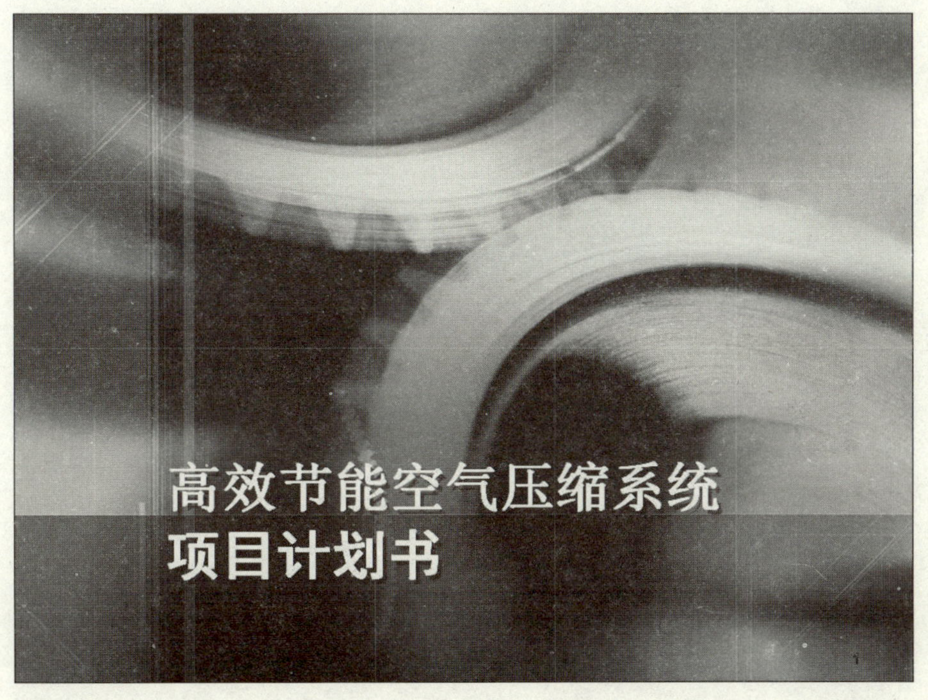

前言

全国工业领域风机、水泵和空压机年耗电为l. 43万亿度，全国空压机耗电总量占15%计算，其年耗电量为2140亿度。全国每年空压机电能消耗巨大、压缩空气浪费严重！

在能源价格不断上涨，产品利润不断下降的今天，从经济角度和环保角度考虑，企业对于自身压缩空气的节能是尤其值得重视的。压缩空气系统节能对策已成为最紧急的课题。

2

电机产品耗能占全国总电能的比例

压缩空气作为工业生产的四种基本流体介质（水、压缩空气、蒸汽、天然气）之一，能耗约占工厂设备（动力设备、制造设备、空调设备、电热设备、照明设备、给排水设备）总用电量的9%-35%。

系统	能耗比例
压缩空气系统	9.4%
水泵系统	20.9%
风机系统	10.4%
空调系统	6.4%

信息来源：国家发改委《“十一五”十大重点节能工程实施意见》

3

空压机的工作效率

美国能源署统计

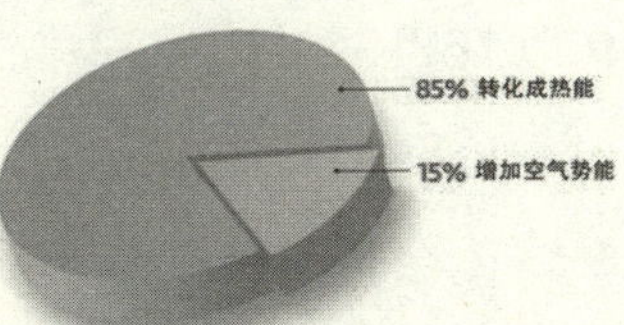

空压机在运行时，真正用于增加空气势能所消耗的电能，在总耗电量中只占很小的一部分，约15%左右。

约85%的耗电转化为热量，通过风冷或者水冷的方式排放到空气中去。

4

压缩空气系统的成本、电耗现状

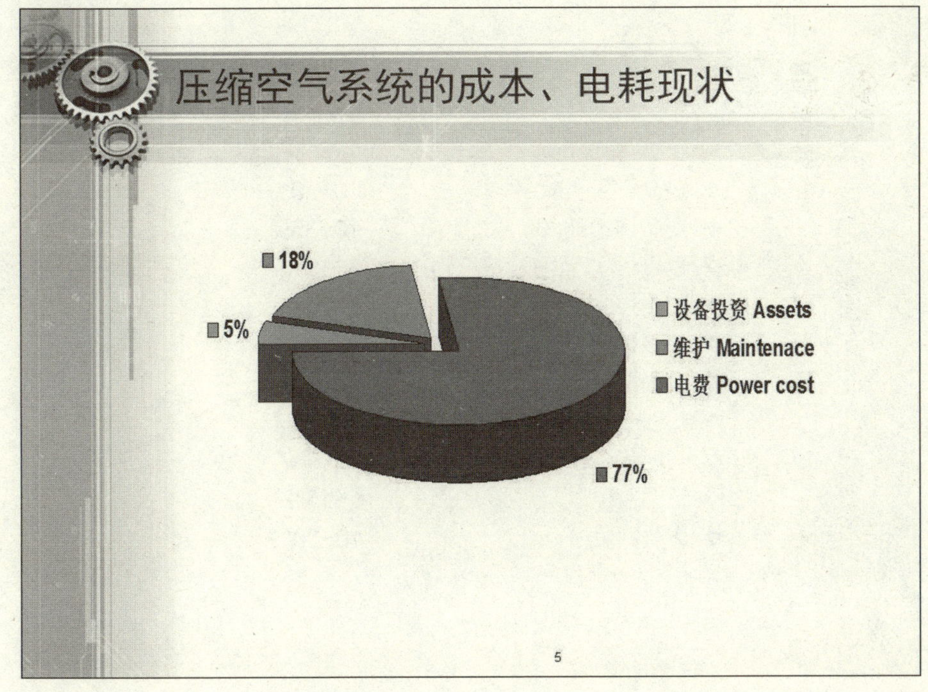

5

空压机的余热

◆ 以160KW空压机为例，用于压缩空气的消耗的电能

160×15% = 24KW

◆ 转化余热浪费的电能

160×85% = 136KW

空压机的余热浪费巨大，余热利用越来越被人们所重视。目前，尽管有一些厂家开发的利用空压机余热回收的产品也能利用部分热能，但是最关键的问题是不一定能遇到充分利用回收的热水的应用场合！

6

空压机系统节能手段

❖ 提高空压机效率	10~20%
❖ 变频调速技术	10~35%
❖ 单点/多点压力调节控制	5~15%
❖ 集中控制系统	5~15%
❖ 流量控制技术	5~10%
❖ 干燥工艺改进	5~10%
❖ 热回收利用	20~40%
❖ 管网优化	5~15%
❖ 泄漏监控	5~15%
❖ 废气回收	10~20%

……

7

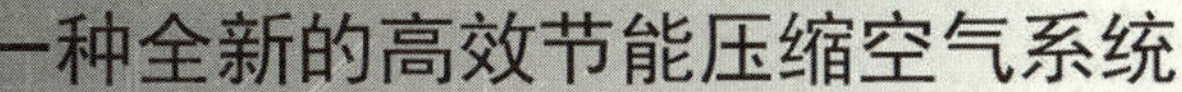

一种全新的高效节能压缩空气系统

本项目提出一种全新的节能压缩空气装置，利用流体力学的科恩达效应原理，在传统装置液态空气气化装置基础上设置射流引流器、气体混合引流器，利用少量液态空气气化产生少量高压压缩空气，再用少量高压压缩空气形成**10~100**倍的高流量压缩空气，耗能极少、系统装置简单、可靠性高、体积大大减小、供气量大、无噪声、无热排放、设备采购成本和使用成本也大幅降低。

8

背景技术

- **射流技术：**高速高压的流体，能带动周围介质一并运动；即高压冷凝水射流可以吸收带动部分乏气直接再进入水浴气化换热器；而以某种形式喷射的气流，可以带动比该气流量大10~100倍的气体一起运动；高压气化气体可以带动大量乏气进入下一工作循环；
- **流体热力学：**流动的气体可以在运动中升温补熵，同一空间不同阶段的压力可以不同；气化气体可以在流动过程中逐渐补熵升温、增压；

9

射流技术

❖ 射流　jet

❖ 从管口、孔口、狭缝射出，或靠机械推动，并同周围流体掺混的一股流体流动。经常遇到的大雷诺数射流一般是无固壁约束的自由湍流。这种湍性射流通过边界上活跃的湍流混合将周围流体卷吸进来而不断扩大，并流向下游。射流在水泵、蒸汽泵、通风机、化工设备和喷气式飞机等许多技术领域得到广泛应用。

10

流体的动压、静压、全压

静压

由于空气分子不规则运动而撞击于管壁上产生的压力称为静压。气体量一定的情况下，简单的理解静压和温度有关；

动压

指空气流动时产生的压力，只要风管内空气流动就具有一定的动压，其值永远是正的。简单的理解动压和气流速度有关；

全压

全压是静压和动压的代数和，气体所具有的总能量。简单理解就是流体最终的总压力。

11

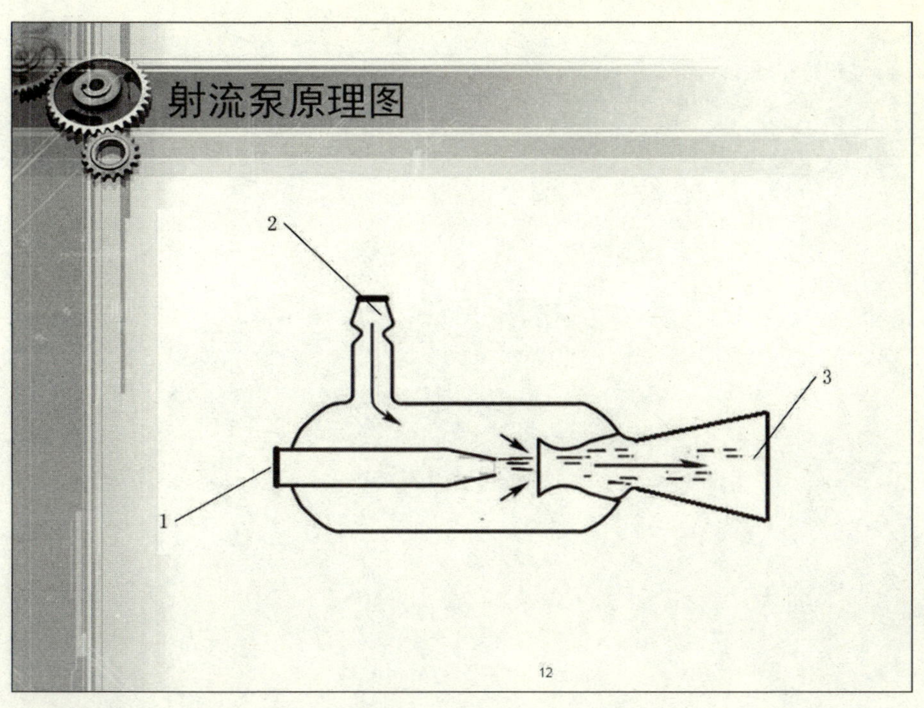
射流泵原理图
2
3
1
12

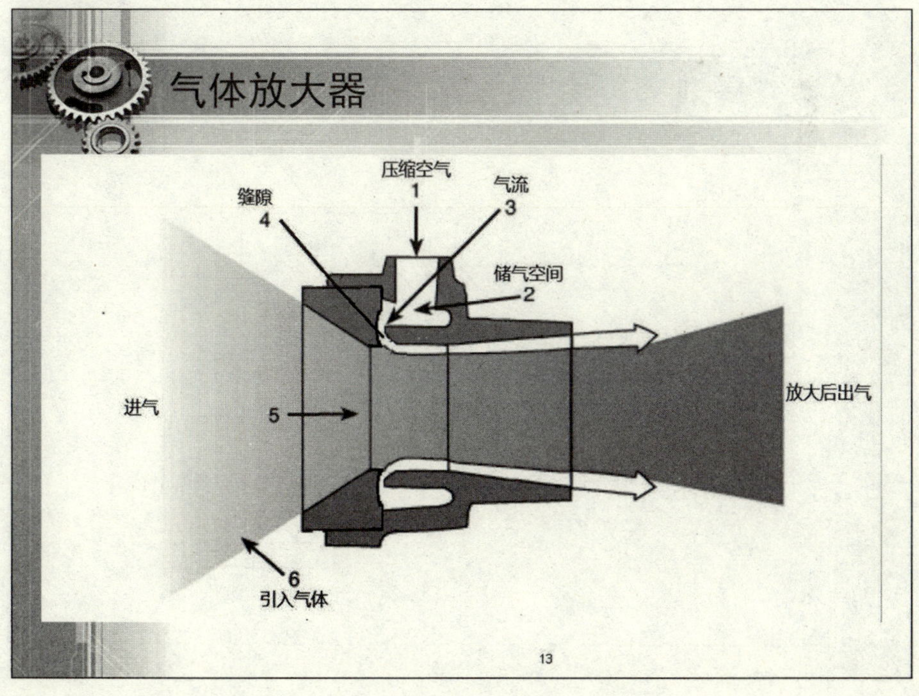
气体放大器
压缩空气
1
缝隙
4
气流
3
储气空间
2
进气
5
放大后出气
6
引入气体
13

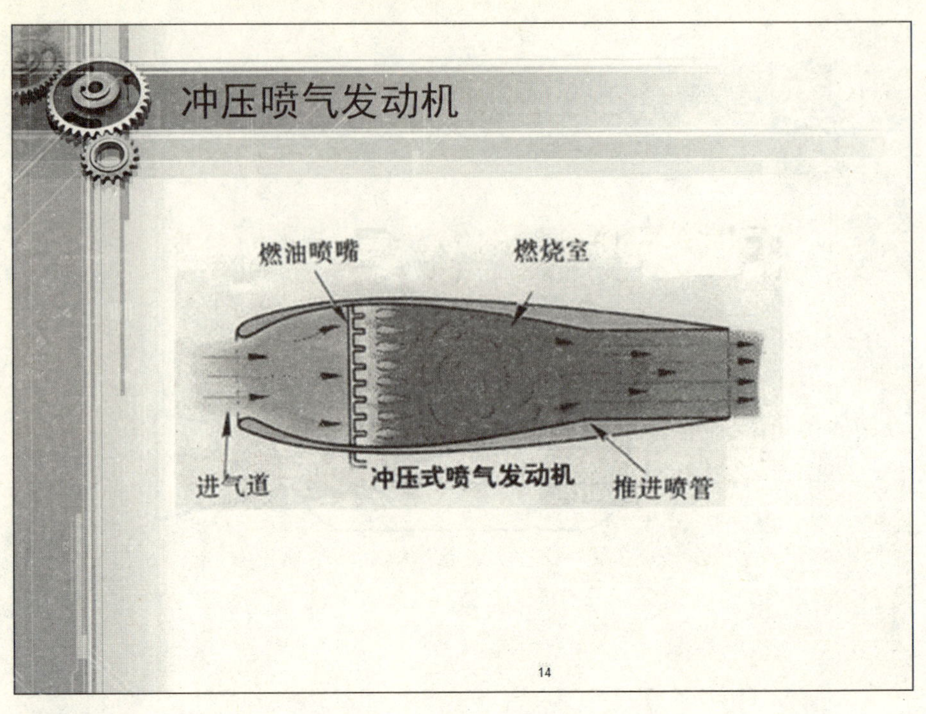
冲压喷气发动机
燃油喷嘴
燃烧室
进气道
冲压式喷气发动机
推进喷管
14

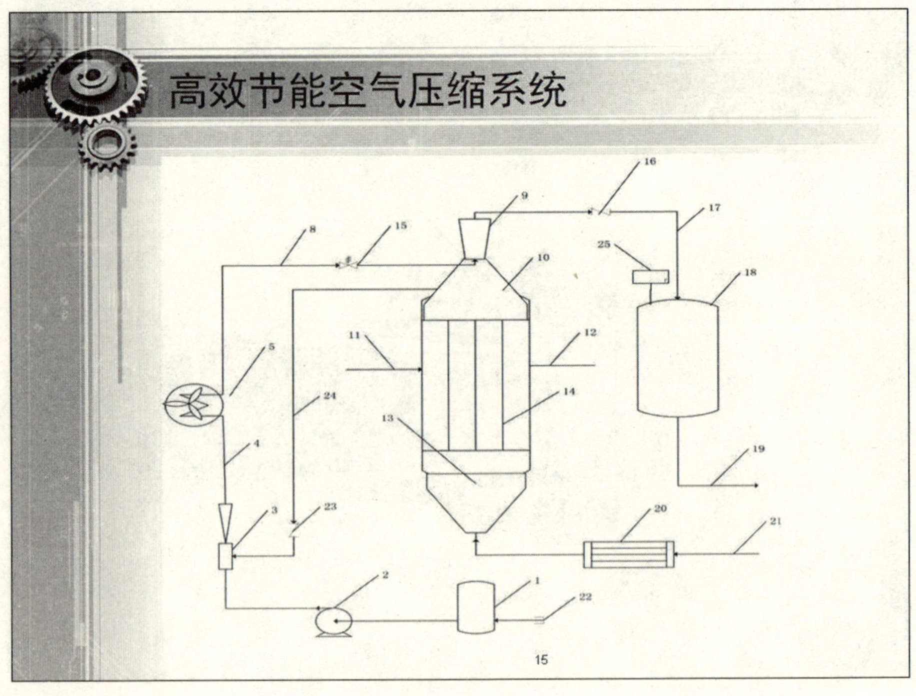
高效节能空气压缩系统
15

附图说明:

1、液态空气储罐；2、高压超低温液体泵；3、射流引流器；4、超低温气液管路；5、高压气化器；6、热源液1输出管路；7、热源液1输入管路；8、高压常温输气管；9、气体混合引流器；10、气体收缩段；11、热源液2输入管路；12、热源液2输出管路；13、气体膨胀段；14、气体换热器；15、泄压单向阀；16、单向阀；17、管路；18、工作压力储气罐；19、工作气流管路；20、空气过滤干燥装置；21、空气入口；22、液态空气加注口；23、单向阀；24、射流回气管路；25、安全泄压装置；26、回气歧管。

16

工作原理

液态空气储罐里的低温液态空气通过高压超低温液体泵，以5~30MPa的压力输入射流引流器，同时通过射流回气管吸入高温的空气混合，形成超低温高压气液混合物；

所得的超低温高压气液混合物经过超低温高压气液管路进入气源高压气化器吸收热量后气化形成高压常温气体；所得的高压常温气体达到设定压力后，通过高压输气管上的泄压单向阀输入气体混合引流器，通过科恩达效应使得过滤干燥的空气经过气体换热补熵装置升温补熵后形成高流量气体进入储气罐待用；

部分经过升温补熵的空气输入射流回气管，与低温液态空气混合，再形成超低温高压气液混合物，使得制备过程连续进行。

17

方案经济性分析

参照国标JB/T 6430-2002，产生1MPa压缩空气的能耗指标大约是8.0KW立方每分钟（机组越大，效率越高）。25立方每分钟的空压机能耗约200Kw；每小时使用费（每度电0.6元）120元，产气1500立方；

采用本方案，产生相同压力气量，折算标准空气约1500立方左右，空气的分子量按30计算，液态空气放大使用比例暂定为1:10，大约需要消耗的液态空气是：

1500/ 22.4 * 0.03 / 10 = 0.2 吨

系统只需要一个不到1千瓦的每分钟流量3.3Kg的高压超低温液体泵，系统总耗电小于1KWh。

按照液态空气每公斤耗电0.28度计算生产成本，批发价200元/吨，同样产气1500立方成本是40元；

18

方案优势分析

❖建设成本不到1/2，占地不到1/2；

❖运行成本下降到1/3，耗电量下降到近乎零；

❖设备技术成熟，免维护，可靠性高；

❖无噪音、不排热、传输管损小；

❖节约能耗效果明显，社会经济效益突出。

19

该项目的市场空间特点

❖国内外市场空白，发展空间大；

❖单个项目金额大，系统实施简单；

❖符合国家能源政策，容易获得融资和补贴；

❖设备技术成熟，系统可靠性高、技术风险小；

❖节约能耗效果明显，社会经济效益突出。

按照每年行业耗电2140亿度电计算，只要节约10%，就能节约200亿度点，折合约656万吨标准煤

20

项目实施步骤

第一阶段：原理样机研发实现

定做一套每小时汽化量20公斤液态空气，输出压力10MPa以上的水浴气化器，定做射流引流器、气体混合引流器，采购必要的管线、阀门、测量设备，合计预算35万元；

加工其它辅助配件器材15万。

寻求有经验、积极配合、有相应能力的合作研发团队外包委托开发或者合作开发，保证进度、效率，保证资金的使用效率，控制风险；完成专家成果评审。总投资约200万。

21

项目实施步骤

第二阶段：小型示范工程

计划设计一个300Kw空压机改造项目，在原理样机成果基础上，委托专业设计院进行设计，落实一个合作应用单位；根据设计院设计文件面向社会进行施工安装工程招标；节能增效目标：降低运行成本60%，系统电耗降低到1%；项目完成后，组织专家评审。

第三阶段：推广应用

在示范工程成功后，整合社会资源，采用不同融资合作模式，开展节能增效发电技术应用推广。

22

财务预测分析

目前启动项目，总投资不大，一旦前期样机完成研发，专利技术可以实现10倍以上增值，投资回报容易实现。问题的关键仅仅在于项目是否能实现的技术可行性，财务投资容易预测和分析。

- **投入资金回收预期**

  半年内通过样机完成技术鉴定，确认市场地位和价值，1年内技术股权溢价转让初步获利，3年左右逐步开始实现综合收益

- **直接技术转让回报**

  一次性或阶段分步技术转让、产品生产和专利使用授权、政府扶植、社会资金参与实现技术专利溢价增值

- **未来投资回报预期**

  工程技术授权的专利技术提成获利，技术参股后所持股权资本运营升值

- **政府扶植资金申报**

  有原理样机做基础，具备条件申报政府扶持资金、实现资源升值

23

融资金额及使用计划

作为一个天使投资合作项目，考虑到未来项目进一步发展的需要，以及项目第一阶段务实的资金需求，也综合业界惯例，做出如下计划：

❖ 项目股权出让

- 出让20%，融资200万，达到50万项目就具备启动条件。

❖ 资金用途

- 研发直接费50万：购买高压水浴气化换热器及其它定制35万；特殊零部件加工改造费约15万。
- 研发人工间接费50万：技术工人工资，研发场地租金，商务员工工资等。
- 项目鉴定认证费用50万：鉴定会，论文发布，专利申报，推广宣传联络。
- 备用金：50万，一定程度保障零部件返工、方案调整的意外支出。

24

第六章　创新研究院可行性研究

本章对建立一个创新研究院的可行性进行了探讨研究，其中结合了本书给出的多个天使投资项目，供读者参考。其中根据作者的个人理解，从创新的角度在经营、管理、风险控制、内部培训等方面提出一些做法、建议。某些内容只是提纲、概要，必要时读者如需借鉴则可以自己展开，详细描述说明。

第一节　研究院发起条件

一、优势吸引

发起创新研究院的各方，必须分别具有资金、社会资源、核心技术、管理经营经验、团队建设维护经验等建设一个优秀研究机构必须的条件，而且正因为合作才能具有全部资源，具备了发起各方共同合作的吸引力，促成研究院的产生。

二、资源互补

如果任何一方不具备合作的必要条件之一，也就没有了对其它发起方的吸引力，发起各方必须是资源互补。

三、模式先进

要发起一个“创新”研究院，首先必须自身在模式上创新，实事求是，分析发起方的各自优势、劣势，尊重各方的重大关切和切身利益，打破传统观念，找出一种能满足各方诉求，确保共同关注的事业能最大限度的稳定发展的合作机制，确保公开、透明、自由、公正；即便项目技术失败，也力争维持公平正义，尽量减少或避免对各方造成经济损失，尽可能维护和谐、友善的相互合作关系。

四、技术储备

发起一个研究院，必须有一定数量的、发起人公认的技术项目储备，并且确定一个公认的研究发展方向，便于建院初期，即能迅速启动项目工作，尽快实现企业化的自负盈亏和自主经营。符合市场规律的研究院才能生存和发展下去！

第二节　研究院核心文化

企业核心价值观的内容，实际上说起来是非常简单的，就是能促使企业永续发展的最基本的经营理念，而且往往是企业创始人的最基本的价值观。

一、合作基础

优势互补、强强联合
相互吸引、合作双赢
风险可控、逐步推进
充分磨合、瓜熟蒂落
孵化项目、资本经营
轻重资产、先后发展
深谋远虑、长治久安

二、核心价值观

创新

创造是从无到有，创造是科学发展的结果，是技术领域的概念，是技术进步，非市场推动；也是对未知世界的探索，不确定性大、风险大；

创新是从有到用，创新是技术应用的结果，是经济领域的概念，是经济发展，由市场推动；是对成熟技术成果的举一反三应用实现，

结果能预见，风险小；

创造讲求学术成果、理论进步、和现实生活结合不紧密，对未来意义可能更大；创新讲求经济效益和社会效益，和现实生活结合紧密，社会价值和经济效益立竿见影！

创新的手段不胜枚举，人们都早已习以为常、熟视无睹了，如：古为今用、洋为中用；它山之石可以攻玉；照猫画虎，依葫芦画瓢；改革开放以来，我们创新成绩比比皆是，随处可见，日新月异；创造的成绩则不及创新的九牛一毛。

虽然缺少中国创造，但是中国的创新到处都有，成绩斐然。没有中国创新，就没有改革开放30年的成绩，就没有中国的汽车、飞机、高铁、家用电器等等，没有我们现在的生活！

大家公认日本的技术、韩国的技术不是世界一流，比欧洲落后，但是他们是世界一流的创新国家，经济发展成绩有目共睹！韩国三星、韩国现代，技术不是一流，很多是模仿基础上的改进，但是照样世界一流创新，产生一流的经济奇迹！

一个企业，没有能力创造，不应该承担创造的义务，但是应该创新、而且必须创新！

三、用人理念

品格比能力重要、能力比知识重要！创新，基于成熟技术，不需要“微积分”、不需要“有限元”，需要对社会工作、生活具体需求的关注，需要举一反三，往往“高手在民间”！

举贤不避亲、任人不唯亲！英雄不问出处，只要他具有创新的能力，具有高尚的品格，我们认可他的能力，就应该给他机会。有知识，不一定有能力；高学历，也不一定高能力。创新这门学问，很多时候不是靠文凭来衡量，甚至创新和创造某种意义上“隔行了”。

四、企业管理理念

管理要考虑成本、管理要符合阶段、管理要适应对象。

有集体劳动就必须有管理，但是劳动的规模、劳动的效率、劳动的成本、劳动的阶段都要求有与之相适应的管理。要重视管理，但又要正确的管理。

管理是对内的管辖治理；管理解决的是效率、积极性问题。

五、投资风险防控

企业是盈利为目的，不能盈利的企业不属于市场经济，要么倒闭，要么被政府包养。为了盈利，必须剥离风险、控制风险，让能承担风险的组织、资金去做有风险的事情。

内部风险防控规范化、法制化，通过第三方审计体系，ISO9001 标准化管理，来控制和防止企业内部的贪污、腐败、渎职问题。

六、经营管理技术关系

技术是工具、管理是保障、经营是龙头！技术是可以买到的，有钱就行；管理也是个管理技术，可以委托，可以购买；经营是企业发展的龙头，是自己的核心利益实现过程，如果别人能给你创造利益，那么他就自己去发展了，经营必须企业核心人、核心团队去做！

第三节　研究院盈利模式

一、认识专利与标准

经营一个以技术研究为主要工作的研究院，必须对专利和标准有正确的认识。专利和标准不能成为社会发展的阻力、门槛；而应该起到指导和规范的作用，减少生产环节的浪费，提高生产的效率，更好的利用社会资源，促进生产力发展，让“蛋糕”越来越多、越来越大，资本膨胀。实现的是正能量，服务于人类社会的进步！在我国要能体现的是社会主义的优越性，社会制度的先进性，中国共产党的先进性！

标准和专利只是一个苗，能否成材还要靠金融、资本经营、市场转化，不能靠技术垄断，要发挥的是先发优势、市场优势、效率优势、成本优势，靠发起标准、拥有专利技术来吸引资金、土地、合作伙伴，让技术优势变为资金实力优势、规模优势、资源优势、竞争综合优势，实现高收益、长期回报。

二、高通模式分析改进

自 1985 年创立伊始，美国高通公司便是世界上最具创新性的无线语音和数据服务企业之一。公司在 CDMA 技术开发和商用以及其它无线数据技术的发展中扮演了极为重要的作用；在推动 3G 锐力革新的同时，高通公司也从最初由 7 名创始人组成的一个不知名的小公司，成长为拥有遍布全球各地 11000 名员工的著名国际企业。作为行业地位和所在行业本身都具有高风险的电信企业，高通的成功绝不是偶然，而是有一个强大的商业模式所支撑的。

广授权

高通公司的商业模式基于公司的核心理念。高通认为，如果所有参与者都能接触到所有的专利发明，那么无线通信行业就会实现最快，最有效的增长。为了实现这一目标，高通通过开放和主动的授权系统将所有技术提供给行业参与者，从而推动整个行业的发展和拓展，最终惠及制造商、无线运营商以及最终的广大消费者。重视盈利模式调整，收费变参股、金融服务创新力度大、效益好。

紧结盟

高通公司并没有选择成为一个传统的垂直一体化的厂商——既做基础技术研发也做设备制造，而是独辟蹊径，选取了产业链最上游的一段，主攻研发核心技术，然后将技术专利许可给芯片厂商、系统设备和测试厂商以及终端制造商。高通的授权模式使公司的商业利益与行业利益全面捆绑。

远谋略

高通公司的授权模式是它商业模式中的重要一环，但更重要的是，公司将授权收益战略性地投入到新技术研发进行再创新，始终走在行业未来发展的最前沿。这便形成了一个闭环正向的机制，而这就是一个商业模式强大不可摧毁的地方。

作为专利巨人的高通从诞生到现在，一直处于争议之中，因为专利是高通的最根本利益，专利授权费是高通赖以生存的基础。高通的商业模式决容易引起与产业链的其他环节的摩擦。高通的商业模式决定了高通必然把延长专利寿命和不断推出新专利放在首位！专利垄断是一把双刃剑。一方面，高通通过专利授权获得巨大利润；另一方面其高额的专利费让高通与各授权企业、甚至是运营商关系紧张，甚至诉诸法律。因此有必要分析一下高通的商业模式弊端：

过高的专利授权费压制了厂商发展、社会生产力发展；

专利垄断阻碍了产业发展，导致运营商集体逃离；

历史经验表明，专利垄断难以长期维持；

高通模式必须改进，我们应该在高通的专利盈利模式中融入产业经营最高端的两种盈利模式：金融和地产，让专利的无形资产通过金融杠杆和地产规模得到放大和保障，利用专利受让对象所没有的资本增值、科技地产增值来获利。避免了矛盾，增加了合作机会，从“切蛋糕”到做“大蛋糕”，盈利模式更先进！

三、实现专利技术经营

具体经营专利技术过程中需要有以下三个阶段，分别有一定的要求。作为研究院必须努力整合资源，具有并保持相应的优势，才能做好专利技术经营工作：

1. 辅导阶段：具有并发挥技术优势

能客观、准确评价技术价值，合理确认市场价值；

对发明人、团队进行技术辅导培养，传导市场价值概念；

帮助达到技术转化基本条件，起到辅助作用；

2. 挂牌阶段：发挥渠道、政策、资金优势

做好技术专利转化项目宣传准备，在技术资料、样机制作、模式设计等方面应拥有成熟的经验，能系统做好转化前的准备工作；

整合品牌资源，最终能有充分的优势吸引合作对象，包括初创业企业和希望拓展新业务的老企业；

整合宣传渠道优势，通过媒体、展会、自身品牌等扩大宣传；

3. 转化阶段：发挥技术、管理、资金、规模优势

给具体实施转化的企业、个人、团队做好技术转化资源配合工作；

利用积累的经验，帮助初创企业做好团队建设、运作、管理工作；

根据自身资源、实力，帮助项目解决启动资金、场地、人才等问题，尽可能整合社会资金、政府资金配套支持；

利用项目运作经验，结合项目具体特点，帮助转化企业进行运行模式合理设计，并协助其按照确定的模式建设、调整团队，实现经营目标。

四、金融资本经营获利

基于朴素的经济理论和观点，如“规模经济带来规模效益”，可以容易得出，经营的最高形式是资本经营，特别是股权投资、股权交易，它增值比例大、经营规模大；其次如房地产、奢侈品、豪车等容易上规模、单件金额较大的项目，缺点是增值比例不稳定，但是规模大。要想一个企业盈利，获得高额盈利，必须靠近这些“容易赚钱”产业，最好是业务内容和这些产业直接联系。

再对高通、华为、苹果、三星、联想企业的成功与不足进行分析，也能得出企业发展的最佳创新结合，那就是：掌握优秀技术成果、技术应用过程和金融资本、适时和地产业有机结合。

作为一个优秀企业，技术创新、转化、服务企业，确定的理想经营模式应该是：技术项目做载体、资本经营是龙头、科技地产为后盾！

研究院应不断培育挖掘值得金融资本运作的苗子；一切从金融资本运作模式出发；尽可能撬动政府、社会的金融、土地资源；轻资产（知识产权）、重资产（科技地产）两种模式并举，互相支撑发展。

企业起步就引进股权投资、银行贷款、国家扶持资金等，高度重视各种金融工具，确保企业有足够的资金打开市场；企业要求每一个项目最终都要走向资本市场，企业自已也最终走入资本市场。

第四节　研究院运营机制

创新研究院运营机制必须创新，才能区别于一般的科学技术研究院，具有独特的竞争优势和强大的生命力，一流的经济效益，才能充分体现创新的价值、技术的价值！运营创新基本方法有：

控制、购买、开发大量创新技术、专利，维持核心竞争力；

合理拆分业务，企业内外分步实施项目转化；吸引、组织各种资源，如人才、技术、资本、资金参与；

专业工作尽可能外包，便于简化激励机制、过程控制体系、目标责任体系；

减少人力资源压力，增加资本、技术在企业中的价值权重，企业的技术、投资股权、运作体系成为发展的基础和优势。

一、组织架构

研究院组织架构采用有限责任公司常用的组织结构。日常的事务管理部门参考同类企业，但必须在建设初期即搭好完整的架构。从一开始就要引进 ISO9001 标准的理念，确保所有企业的内部事务，落实到部门、岗位，每个部门有人负责，每个岗位有人负责。

初期编制人员不足，可以一人多岗；随着业务发展，可以一人一岗、多人一岗，岗位细分，逐步成长发展。

二、核心业务部门

企业管理部门的设置为人力资源部、办公室、财务部。人员安排上由人力资源部根据企业的业务发展进行精简设置。本研究院和其它企业不同的特色、核心部门主要有四个业务部门：专利事务部，技术研发部，资本运营部，项目孵化器：

1. 专利事务部

负责联络专业律师服务机构，做好专利申报、预警、防卫阻击、购买转让、维权、国际专利申报、政府专利申请补贴申报；

专利工作和知名专利事务所和国家有关部门的知识产权服务单位合作，本公司招聘培养项目经理、项目主管，规范管理，明确责权利，确保专利事务工作顺利展开和稳定工作。

我们的核心技术，具备一定的社会经济效益，应保持相应的知识产权、创造和发明，因此必须申报专利。由专利事业中心负责各项专利申报、专利维权，以及专利转让和专利回购。

专利申报：联合专业的专利律师，编写专利申报文件，向国家专利局申报专利并跟踪专利审批过程，直致获取专利证书。并将有价值的专利进行评估，申报国际专利保护；

专利维权：当社会上有他人或企业未经制授权利用或者使用我们的专利技术和商品商标等发生专利侵权行为时，通过律师和法律渠道进行专利维权。专利的监测、预警。要密切关注市场上专利的动向，一旦发现有对本公司专利侵权的行为，立即运用法律武器进行维权诉讼等相关工作；

专利进行知识产权的风险评估。保证新产品的推出不会侵犯他人知识产权，并及时找到新产品新技术中的发明创新点，使之形成相应专利，利用专利更好的保护产品和技术以及未来的市场；

专利转让：通过对部分专利配合公司经营活动进行授权使用或者

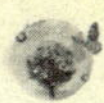

出让等方式为企业获得经济利益；

专利回购：在一些获得了专利权但并未实施使用的睡眠专利中，发现与我们的概念、技术、细节等有相似或者相近之处，或者未来有可能产生争执的专利，通过低价回购来降低专利纠纷的风险。

2. 技术研发部

负责将研究院的新思路、新概念、新技术、专利技术必须通过技术研发将其发展为技术方案、技术实体、样品、样机等。同时还包括概念研发、方案研发、自主实验室研发、委托团队研发改良等项工作。

结合市场需求，运用研究院自身拥有的专利技术开发全系列应用转化样品、验证系统，实现实验室定性研发实践；同时根据资金情况，提出新的技术创新点、委托科研机构进行技术攻关、实现定量精确技术参数研究，不断提高产品节能减排技术指标；

结合专利事业部做出的知识产权的风险评估，分析专利技术的创新点，并且做出专利技术产品化的可行性分析。然后通过自行设计、研发、检测和鉴定开发出新的产品；或者委托科研机构进行技术攻关、专家研究研发出新的产品。最后通过协调合作厂家和公司项目孵化团队实现专利技术的较大规模的产品转化；

拓展接触创新人才的渠道，通过专利发明人交流、“黑马大赛”、“大学生创新大赛”、“我爱发明”等多种渠道、模式，吸引散落在民间的创新高手，慢慢积累一批创新的领军人物团队，支持帮助他们不断创新，成为我们企业的创新源泉。

3. 资本运营部

资本运营部的首要任务是要为公司融资。公司启动即采用资本动作的模式，因此需要融入大量的资金，实现资金的合理调度，分析资金的运作效率，创造出更多的价值。

做好资金筹集、资本运营工作，面向社会资本、政府扶持、市场转换合作几个方面为企业发展准备足够的资金，在不同时期采用包括债权融资、股权融资等各种融资方式让更多的人愿意为我们投资。在具体工作过程中，吸引廉价的成本更低的资金、国家的项目扶持资金等帮助企业快速、良性的发展。共同实现资本的增值，占据更大的市场，能有更好的前景。

当公司业务流程完善、项目现金流形成规模、管理经营团队稳定时，负责将项目拆分成立子公司，并按计划步骤实现企业自身和合作参股企业上市、定向增发的远期近期目标；负责公司后期各独立上市业务的资本运作，实现一个个子公司上市最终实现公司上市的远期目标。

4. 项目孵化器

寻找有诚意、有规模、有信用的国内外知名厂家合作，进行技术转让、专利授权，协调合作厂家和公司项目孵化团队实现专利技术产品转化，利用合作单位的生产能力、产品化技术团队、市场推广的成熟渠道、知名品牌的影响力，尽快实现市场占有，获得良好的经济效益和社会效益。

辅导阶段：能客观、准确评价技术价值，合理确认市场价值；对发明人、团队进行技术辅导培养，传导市场价值概念；帮助达到技术转化基本条件，起到辅助作用；

挂牌阶段：做好宣传准备，在技术资料、样机制作、模式设计等方面拥有成熟的经验，能系统做好转化前的准备工作；整合品牌资源，最终能有充分的优势吸引合作对象，包括初创业企业和希望拓展新业务的老企业；整合宣传渠道优势，通过媒体、展会、自身品牌等扩大宣传；

转化阶段：给具体实施转化的企业做好技术转化资源配合工作；利用积累的经验，帮助初创企业做好团队建设、运作、管理工作；根据自身资源、实力，帮助项目解决启动资金问题，尽可能整合社会资金、政府资金配套支持；利用项目运作经验，结合项目具体特点，帮助转化企业进行运行模式合理设计，并协助其按照确定的模式建设、调整团队，实现经营目标。

三、风险控制

成立并经营一个创新研究院，确实可能会遇到很多风险，能预料到的有：前期股权分割风险、技术可行性风险、技术合作绑定风险、资金使用风险、专利权益风险、资金链风险等。应该设计合理的体系，对上述风险进行必要的控制，确保企业的稳定经营、良好效益、长期发展。

1. 前期股权分割风险

是指有形资产和无形资产合作初期、中期、意外终止合作的纠纷与风险控制。

合作开始投资人和技术合作方双方股权大家都不好衡量，投资人出一个亿，然后成立这个公司给技术合作方百分之十的股权，还是百分之五的股权？还是百分之二十的股权？每一项专利值一万？还是值一百万？还是值一千万？现在可能一文不值，也可能它值一百个亿。

我们控制风险的原则是把握公平、公正，开始技术没有体现出它价值的时候，假设它就是不值钱的；投资的现金，就是真正的、实在的钱，出钱的人占有绝对大股，技术合作者甚至可以先不持股；双方靠相互吸引、靠合作协议约定、靠风险投资来维持合作。

你有钱、我有技术，你的钱是真金白银，说到位就能到位；我的技术是经过前期的采用其它的能承担风险的方式去实施，或者初步进行验证，一旦验证风险过去，比方说天使投资承担风险，风险过去之后，已经初步确认了。再考虑调整资金、技术股权比例调整分配。

对于新项目，为了这个项目风险可控，应该采用天使合作的方式合作；双方为了在技术上适当绑定，可以参与有风险的技术天使投资。既可以甲乙双方、多方合作，也可以乙方和其他的人去合作。这样对项目来讲是最公平的和最有效的，符合市场规律；如果投资人、研究院认为风险可以承受，那么就参与天使投资、有限参与投资，否则就不参与，未来可以高额回购技术项目。

2. 技术可行性风险

是指转化可行性、产品转化服务可行性等技术属性的风险控制。应该采用天使投资基金去实施，风险由天使基金来承担。

如果将来我们有这个必要的时候，我们可以来参股天使基金，或者成立一个大型的参股天使基金，由天使基金去投资项目，项目成功后，再收购、装入创新研究院。由创新研究院来实现真正的后续的转化工作。采用天使投资基金去实施，它也容易得到国家的认可，让国家、政府这个最应该、最适合承担科研风险的主体来通过民营渠道、民营高效率运营的机制，承担应有的风险责任。

特别强调的是：作为一个创新研究院，采用的技术都应该创新技术，而非创造发明技术，特点是近乎成熟、明显可行、原行业类似技术应用产品随处可见的，而不应该是未知、不确定、难以论证、明显高风险的技术，本身就应该不具有大的风险！

3. 技术专利合作绑定风险

如果是作为合作的双方，我们为了把风险放在外面，放在企业的外面。如果投资人或研究院参与技术方发起的某创新天使投资项目，合作研发成功，双方按照单个项目，按照该项目合作约定的比例享受成果。这是由原来合作的时候确定的。双方事后商议确定，或参与项目时提前约定。

如果投资方对项目的投资进展不满意；假如我们实施了若干个个项目以后，或项目正在转化过程中，现在又有新的方案，或者新的创新，投资人没有能力继续增资，双方可以选择终止，或者继续明确合作，也就是说现有合作本身不能影响技术方跟别人合作，符合有利于生产力发展的原则。

应该明确：对于已经合作的项目，有约定，甲乙双方都不得和其它的企业进行同等的、类似的东西。我们可以排他，但是不能排新，

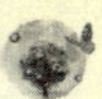

就是技术方一个专利有可能跟咱公司合作了，技术方就不跟别的企业合作，但是另外一个专利，不能限定、不允许，就是不能说这是职务发明，那么技术方就不允许和其他的合作伙伴进行技术合作，这个是要放开的。未来也有利于不断增强所有技术发明人的创新积极性！类似的情况在艺术、文化、写作、演艺等领域成功、失败的案例比比皆是，一个画家，如果雇佣他来作画，很难出好作品！这个也是最有利于生产力发展的理念创新！

4. 资金使用风险

起初投资方是大股东，委派出任董事长，委派财务总监，审批资金使用。乙方主要就是委派代表受聘担任总经理，操作业务其余全过程，依法、依照合作协议，接受企业的责任、权利约束。

双方是基于你有钱，我有你认可的技术和一些经验，咱们来进行合作，投资方的资金源源不断，很有实力，做事说到做到。而技术方的项目、技术方的技术，经过一次验证、两次验证，发现技术方也是很有合作的技术的价值。双方的价值通过双方的吸引，互相认可，互相支持，合作愉快，不可能有其它的更复杂的结果产生。

但是，如果一开始就把钱和技术绑定、绑死，那么可能我的项目就随着项目发展有可能出现其它问题。假如有一个两个进行得不顺利，那么这个合作就会出现裂痕；或者如果说由于各种原因，确定资金不到位（这个时有发生），在这种情况下，合作形式已经绑定了，专利绑定之后，最后本来应该申请国际专利，由于投资方不让使用资金，申请国际专利的时效过了；技术方跟别人谈好的项目都得不到应用，最后这个项目随着时间的推移，它的价值和它应有的社会效益都无法兑现。结果是对技术进步、生产力发展带来负面的作用。

目前设计的这种方式对于投资人的资金可控性、风险性都在自己掌控之中；技术方的技术也由他自己所有，双方都有充分的自由，风险都在可控范围；

四、项目外包

合作创新模式主要要做好合作创新，做好技术工作（样机、试验）、研发（理论完善、定量深入）工作、专业工作（法律、工程设计、系统设计、专利撰写服务、配套系统试制）等各种专业工作分包、外包工作。

创新研究院不是科学研究院、工程研究院，研究的是成熟技术的市场创新，技术含量较高的基础研究、定量研究、深入研究则必须交由科研院所、科研机构，让高精尖学术研究团队的研发能力在学术上为我所用（委托课题，专利独享或根据创新贡献分担）；优秀企业产品化技术力量为我所用（产品售前、技术转让过程）；社会闲散的各行业精英以外包的形式合作（民间创新专家、动画设计、高水平文秘写手等）；能外包的通用、专业工作尽可能外包！

尽可能降低创新研究院在科学技术领域的技术强度、深度，加大通过政治、经济、社会科学等紧贴市场、影响市场的要素分析研究，集中精力，做好创新！

第五节　场地建设规划

一、场地用途规划

企业属于知识产权、金融、资本高度密集的新型创新公司，所需主要是科研试验、日常办公事务、项目管理、成果展示交流的办公用地、工业用地。

成立企业初期应该争取能得到政府一定的免费办公条件支持；后期根据项目的社会价值，必然会有资金、土地资源重新整合配置，研究院通过工业地产发展，可以在项目转化时给合作受让方提供除了资金、技术之外的更多办公场地、生产场地等资源支持。

二、办公经营会议场地

初期办公场地按照同时启动 20 个项目，综合人员 100 人编制，需要办公、会议、保障等综合面积约 2000 平米。未来研究院发展，考虑到发展，未来应该留有 20000 平米的发展空间；

三、展厅展示场地

作为一个创新研究院，技术成果、样品样机、专利说明、模拟视频、模型沙盘等就是我们能对外宣传交流的主要形式，也是工作的主要场地。

以一个项目准备 50 平米计算，前期需要 1000 平米以上的展厅，未来需要 10000 平米的发展空间；

四、实验研究场地

实验研究场地是为了配合给创新小组，在企业内做一些原理验证、小型试验的实验室；随着业务的发展，从社会上挖掘的一些有创新能力的“发明家”将有部分需要提供工作场地。每个创新小组，一般由一个发明家和一两名助手组成，每个实验室面积不会太大，约 100 ~ 200 平方米，初期需要 500 平方米；后期可准备 2000 平方米。

考虑到某些试验可能带来的环境噪音、少量的污染、安全风险等因素，除了将试验、实验尽可能控制在原理阶段，建设大规模试验基地、场地的时候，可以考虑和研究机构分开，在远离人口稠密的生活区域后，再征地建设。

五、生活配套设施场地

作为一个创新研究院，必然需要配备一些为职工服务的锻炼、休息、餐饮、文娱的场所，按照相关标准配备，综合考虑周边环境因素，后期有了一定规模，可以考虑解决。面积应该占全部面积的 30% 左右。

第六节　项目投资计划

一、资金规模

建议研究院注册资本1亿，实收资本2000万以上（不考虑科技地产投资情况下），投资方随时根据项目发展入资、增资，以满足资金需要。从一开始，就按照资本经营的模式运营、宣传，适时引进风险投资、政府支持，增加企业的资金实力。

二、前期资金运用

前期投资资金主要用于公司办公设备准备、场地准备、人力资源部门建设、企业营业手续办理、管理体系策划建立等。

体系策划

办公场地

办公条件

网站建设

人力资源

核心管理团队

项目管理团队

商务办公团队

资本经营团队

天使项目投资

为了证明创新项目的可行性、市场价值，需要不断研发和完善各类原理样机。研发过程主要针对定性的、原理验证的过程进行。进一步定量、精确、完善工作留待项目转让、产品化实施、国家补贴等情况时展开。尽可能减少企业的研发投入，提高研发经费的使用效率。

这个民用产品类节能减排改进研发项目，需要不断研发各类应用产品，如系列厨具、系列锅炉、系列烘干设备，应用于各行各业。每个产品样机投入不大，包括反复试验等过程，综合成本约 2 ~ 5 万每台，研发预计投入 200 万，完成 20 ~ 40 台各类产品样机。实现对多个常见高耗能应用领域具体产品的原理验证和定性试验、样机生产，并组织多场专家交流和项目论证、鉴定，对样机委托各种国家相关机构认可的节能减排指标检测。

技术研发工作也是项目合作制，用专利来保护权益，委托国内知名科研院所研究、开发。通过项目经理实现目标、过程控制。企业自己不投入大量财力物力购买设备、聘用尖端人才。本项目属于成熟技术的创新应用类型，大部分工作所需的技术人才可以和成熟的企业合作外包来解决，企业核心成员成果用专利形式不断固定，可以确保企业长治久安、稳定发展。

三、资本运营

这个项目是一个资本运行的理想题材，在努力运作好实体业务的同时，必须重视资本经营工作。

通过猎头公司、朋友推荐，逐步培养、建立企业的资本经营、政府关系团队，为企业今后发展奠定基础。主要内容就是编制适用于各种场合的项目计划书、可行性研究报告、项目转化实施方案等，用于获取政府补贴、政府土地、社会投资、金融支持、社会舆论宣传等。

四、项目转化

项目转化的过程主要是寻找厂家，与厂家洽谈，与有兴趣的常见

谈合作条件，采用技术转让、专利授权、产品化技术指导、技术改进协助等方式合作，依靠收取转让费、生产销售专利提成、企业参股、参股企业并购上市溢价等多种形式获取利益。

前期日常业务花费主要是大量的业务人员工资、销售技术人员工资、业务费用等主项。

第七节　人力资源理念

一、社会人才现状

新时期的人才重视自我、自由，具有流动、分散的特点，特别是创新人才，无处不在、个性化明显、理论基础差异大，学术水平难以简单衡量。

二、人才吸引原则

首先要有好的未来、成功的发展奠定吸引留存人才的核心竞争力。很多问题表面上是体制问题，深层次是发展问题！靠发展来创造有影响力的品牌，靠一流的企业效益保证一流的福利待遇，才能吸引得来、留得住、用的好！

三、人才应用理念创新

不为所有、只为所用；挖掘在民间的高手；借助众帮模式降低人力资源成本；专业研发科研外包；虚拟化办公网罗天下高手，培养核心项目经理团队管理好虚、实社会的应用项目；建立责任、风险、利益的合理奖惩机制。

人才战略明确，网罗天下英才，众帮先进模式。

选人：海选，发现创新，给各种人才机会；育人，对烈马的降服、给他规矩、给他专业技能；强化培训机制、培训核查机制、培训

 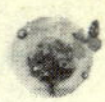

体系改进完善机制，根据企业具体工作的各方面，给予员工必要的、充分的上岗培训，使之具有能胜任岗位要求的全面技能；用人，知人善任、用人不疑；用好第三方监督，即通过合约、承诺、法律、外包审计实现第三方监督，让人才充分发挥主观能动性，而又不会失控；

四、不断创新激励机制

激励机制建立的基础是要梳理清楚个人创造的价值在哪里、占多数，原则上企业、资本不能剥削个人的脑力和体力劳动，让他把他的劳动价值全部拿走，并且给他一定的溢价，离开企业他的损失比企业更大，这样他没有再创业的必要、没有跳槽的主动力，其它企业也没有挖人的机会，企业人力资源才能稳定供应。

五、具体工作思路

本项目属于成熟技术的创新应用类型，大部分工作所需的技术人才可以和成熟的企业合作外包来解决，企业核心成员成果用专利形式不断固定，可以确保企业长治久安、稳定发展。

技术研发工作也是项目合作制，用专利来保护权益，委托国内知名科研院所研究、开发。通过项目经理实现目标、过程控制。企业自己不投入大量财力物力购买设备、聘用尖端人才。

资本运营需要通过猎头、招聘、培养成立一个专业的社会融资、项目合作投资、政府资金申报，这个工作通用性强，是企业核心部门。

项目转化工作也是一个项目经理集中的较通用工作，可以通过招聘、培养、规范等模式建立企业自己的员工队伍。

专业技术外包合作

核心专利技术的管理工作由公司内部的专利事业部负责，同时可以适当的寻求专利律师服务；技术研发部门负责主要的技术开发工作，同时也可以联合高校或者专门的科研机构对技术进行攻关研发；产品批量生产、工程安装维护主要通过与专门的企业进行合作或者外包的形式，这样的业务发展模式见效快、规模大小可调、能制造竞争，易于管理激励。

核心人才猎头招聘

高层管理人才为了快速发展，采用猎头方式聘请有经验、有业绩的专业人士，主要做好选择、培训、管理、协调、调度、沟通工作。并用股权激励的形式保持核心人才的忠诚度和敬业精神。

中层骨干招聘培训

部门经理、研发技术骨干采用面向社会招聘，企业内部加强各种培训工作。例如少数研发协调、工程服务技术人员开始由持有技术的项目发起人带动逐步招聘的技术人才骨干做好市场技术调研、技术攻关委托、产品化生产服务协调等工作，以后逐步形成独立工作能力，培养忠诚度和敬业精神。

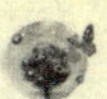

第八节　企业管理体系

一、端正管理理念

管理是守业而非创业；管理针对效率积极性，而非效益业务规模；管理是节流，对企业的作用有限。

二、认识管理特点

管理有人力物力成本、管理有一定经济基础要求、管理本身降低执行效率；

三、抓准管理时机

管理分规模，大系统必须管理；管理分阶段，业务稳定后提高管理保障；不同的阶段，管理标准要求不同；

四、分清管理对象

管理是管辖治疗，对内不对外；管理的目的是提高效率、控制过程、规避风险；

五、紧盯管理目的

打造铁打的营盘，长期稳定可控的业务流程，尽可能减少各种风险带来的损失。高稳定性和系统效率，提高积极性，降低业务风险

六、实现标准管理

实现标准化管理，企业内部将会做到六个“凡是”：

凡事有标准

凡事有章可循

凡事有人负责

凡事有监督

凡事有案可查

凡事有改进

得到以下六个“益处”

改善企业内部管理，工作条理化；

明确各部门岗位职责，分工明确；

稳定产品品质，提高产品可靠性，减少成本；

扩大公司知名度与市场份额；

提高员工素质与沟通畅顺；

员工全面提升格调水平。

七、不断创新管理

利用成熟的管理经验、利用 ISO9001 已经不断在发展、进步的适应性变化，抓住精髓、灵活应用、务实实现，重视新技术、信息技术应用，实现现代化的高效率管理。

第九节　企业思想工作

一、思想工作的必要性

都在提信仰缺失，人和动物的差异，人和机器的差异。道不同者不相为谋。思想工作关乎企业的风气、正气。正确的世界观是一切行动的根本，是哲学，是分析问题判断问题，统一思想，解决问题的正确方法的基础，正是所谓企业精神。

社会化的思想工作能给员工带来精神上“上升通道”，通过国家、政府授予的荣誉、福利，员工可以得到企业给不了的东西，企业给不了的保障和荣誉。

二、思想工作的现状

西方靠宗教，但和企业具体工作有距离，宗教的核心价值看不见摸不到。

党的建设理论系统完善，取得的成功有目共睹。我们应该学习应用，在企业在做好党建工作。

三、建立先进的思想工作体系

近百年的经验积累、完善，对于建立一套合身的思想工作体系，完全可借鉴；

建立健全党的组织，才能做好社会主义制度下的企业思想管理工作！

创新党建工作的出路：拿来主义、量身修剪、借力打力、服务企业，企业集中精力发展经济；

党建工作和党的领导对企业发展的帮助有许多成功案例，主要在针对员工业余生活、个人困难、表彰渠道、管理经验、上升通道、风险分担，涉及人的精神生活、物质生活，全面细致，既解决员工具体问题，又避免让企业分散精力、偏离主业。更有利于企业间纵横交流；

第十节　培训模式创新

一、教育和培训的认识

教育是针对人的基本素质、培训是针对人的工作能力；教育是明天的生产力、培训是今天的生产力；教育的责任在政府、国家，培训的主体是企业自身、量身定做；企业应该做培训工作，不承担教育义务！

二、企业必须重视培训

通过培训体系不断完善，才能建立一个“铁打的营盘流水的兵”企业，实现长治久安，稳定发展。

三、建立先进完善的培训机制

多媒体方式培训，重视先进学习技术应用；可以方便具体操作的高效率培训、测试、反馈体系，重视培训效果；宽进宽出，通过可以量化的评测，帮助组织筛选极少数可以长期合作的管理员工，建立有理想、思想、凝聚力的团队。

建立有个性化、务实、能逐步自我成长、自我发展、自我完善的培训体系。

第十一节　前期投资项目

一、现有创新项目概述

研究院前期由发起人提供的专利技术主要来源于以下几个创新思路的技术整合，有可能带来能源、动力行业的革命性变化，主要创新点是：

能源充分利用

让原有的内燃机、外燃机、火箭发动机等各种动力机械，把它们原来浪费的和输出动力无关的热能尽可能设法利用起来，让某些介质吸热膨胀继续做功；

比如采用液态空气－燃料混合动力发动机，利用一般内燃机的浪费的大量热能，加热液态空气使之物理膨胀做功，将一般发动机的燃料热能利用率大幅度提高，环境热排放大幅度降低，从而减少人类在同等动力需求情况下对石化燃料等能源物质的消耗。

能量循环利用

对于自然界已有的环境热能，通过调整工作介质、工作温度段落、换热方式等手段实现循环再利用，环境热能成为动力机械的能量、热量来源，就能让地球的能源取之不尽用之不竭。如通过对目前各种内燃机、喷气机等膨胀机稍加改动，直接使用液态空气作为膨胀介质，就可以利用人类自然界各种物质具有的热能，比如空气、环境水、太阳能等。实现在较低温度就可以进行“膨胀做功”，输出动力。

这种变革从原来我们内燃机工作的介质空气免费获得，能源物质汽油需要生产制备、消耗，改变为能源来自于空气、土壤、水、废

热，工作介质液态空气需要制作。这样的改变，从有限的石化燃料变为循环利用的取之不尽的能源、用之不竭的空气。角色交换，能源物质的价格成本和工作介质的制造价格和成本也大不相同，实际使用过程中也使得综合成本大幅降低。

热能综合利用

这些使用液态空气的新型动力机械，从全部生产、使用、排放过程中热能实现综合利用、完全利用，系统达到尽可能高的能效比，实现尽可能低的综合环境化学物质、热能的排放，几乎没有化学变化，只有物理“相变”，做到真正的“0”排放。

制作液态空气这个“新的”工作介质是一个制冷过程，使用的是“热泵”，生产过程能把“泵取”的热能，转移到水或其它介质，实现“锅炉”的作用，输出等值的热能供人类使用，失去热量的空气变成液态。这个过程已经可以实现近乎 100% 的能效比；后续液态空气吸收自然界其它没有成本的热量所做的功，都是“额外”的收获，相对人们投入的一次能源来计算综合能效比会大于 100%！

储能再利用率提高

人类目前对于电网在用电低谷的“垃圾电”采用的所有方式都只是简单的“储能再释放”，存储和释放的能效比不可能大于 100%，有些甚至效率极低。而采用液态空气作为储能介质，储能（制备液态空气）的过程会集中产生热量，可以利用；吸收环境空气热能、环境水资源热能、工业各种废热后沸腾气化膨胀，释放能量发电的时候，发出的电能则几乎是从自然界回收“新增”的能量，从消耗石化燃料的角度考虑能效比则有可能远远大于 100%，同时还具有全过程环境零污染的特点，具有储能效率高、介质可以移动、规模大小灵活、冷热电水同时供应、安全性高、成本低等优点，几乎“十全十美”，是储能系统的终极、最佳解决方案！

热能再生利用

利用热泵技术，高效率将低品位能量搬运到高品位温段，实现低温到高温的“热转移”，进而做功。热泵技术已经成熟使用近百年了，但是一直没有引起人类的真正重视，现在我们应该发起一场用能理念的革命，需要能源不要只考虑消耗能源物质转化，可以优先采用热泵设备从自然环境中搬运、借用获得，消耗的“搬运费”能耗只有几分之一甚至几十分之一，然后当数量、质量不足的部分再通过消耗能源物质补充，就能大大降低直接能源消耗，在各行各业实现高耗能环节的大比例节能！这项技术已经突破所谓温升的“瓶颈”，温度达到180摄氏度或更高，完全能满足一般工业领域的各种基本热量消耗需求，前景广阔！也会帮助动力机械进一步实现能源、热量的完全利用和高效“放大”利用！

多学科技术成果交叉应用

充分挖掘这100多年来科技进步的成果，打破传统思维，把材料科学、空气动力学、热力学、信息科学等多学科的成熟技术成果，应用到动力机械的创新中，让古老的动力机械来一次涅槃重生、脱胎换骨。

二、内燃机节能减排

随着人类社会的高速发展，大量动力机械得以广泛应用，并已经成为人类社会不可或缺的一部分。技术较为成熟的内燃机在汽车及各作业设备应用较为普遍，通过将燃料的化学能转换成机械能实现动力的输出。然而，现有内燃机燃料燃烧产生的热能相当一部分的热量通过冷却系统散发掉，大部分被排放到环境中，使得内燃机效率仅达到20% ~ 30%。

有鉴于此，亟待另辟蹊径提供一种动力技术，在有效提升内燃机效率的基础上，降低能源消耗和排放污染。

本项目的技术提供一种采用燃料和液态气体的混合动力装置，以基于液态气体和燃料作为形成驱动力的基础源，该系统可以充分利用燃料燃烧过程中释放的热能，实现液态气体的预膨胀，以及在气缸体内膨胀过程的热量提供，进而可最大限度的提高燃料利用效率，克服了传统内燃机的热损失问题。在获得同样动力性能的前提下大大减少

燃料使用量，大幅度降低污染。节能增效！

改造市场市场存量大势

本项目可以对几乎所有现在市场在用的车辆动力进行改造，目前中国汽车保有量一亿辆以上，改造市场空间巨大。以每套改装套件3万元计算，有千亿以上的市场。

产能延续和新品介入

本项目对现有汽车行业没有大的改变，机器设备、工装夹具、团队管理、服务保障都没有变动，可以快速实现应用，大量用于新型号车型。仅仅中国每年就是千万辆以上的产能，技术授权、新品应用技术转化费用可观。

社会效益享受政府支持

本项目应用可以让动力机械大幅度节能减排，符合政府大力扶持和鼓励发展的产业方向，可以享受各级政府的扶持、补贴、资源补偿，综合受益。

目前新能源车几乎一边倒的是电动车，油电混合动力车，还有少数厂家在研究压缩空气动力车，而整体业内对这两类车都不看好，以北京汽车为例，目前仍投入巨额资金建设传统发动机生产基地。

与电池动力车对比

电动车属于储能释放，发展空间有限

产业需要重新建立，包括设计生产设备、服务体系、行业人才

电力能源供应难以满足，不论是发电能力、输电能力

化学反应的原理造成电池生产、回收环保问题难以彻底解决

大电流工作，从充电、蓄电、用电等各个环境安全性问题突出

与压缩空气动力车对比

属于储能释放，能量利用效率低，储存密度低，没有前途

空气动力机械启动早，但涉及热力学、空气动力等多学科，进展慢

全新的核心发动机进展缓慢，功能不完善，产业难以形成

压缩储能效率低、安全风险大、成本高

这个《燃料液态空气动力》项目，是从“瓦特蒸汽机”以来动力

机械行业又一次革命性的尝试，虽然我们在基础材料、加工技术等很多实业技术领域落后别人几十年，但是创新、学习，中国人思想理论前进没有门槛、没有壁垒、没有基因差异，没有理由落后！

我们用创新的思想、用成熟的技术、用现有的材料和加工能力、用我们勤奋努力付出实现我们的应用创新，继续我们国家曾经有过的发展的奇迹，努力去创造一个“跨越式、后发式”进步，为实现寻找持久、长远的能源解决方案，为人类提供生产、发展所需的低碳、可再生动力而努力！让我们短暂的人生活的更有意义！

三、火电厂节能增效

火电厂基本工作流程几十年来没有变化，而近年来机械加工、材料科学、自动控制技术、流体力学等都有长足的发展进步，特别是流体力学、热力学的某些应用技术更加成熟，如射流、热泵应用，应该给这样一个关键能源产业带来一些变革；

在火电厂几十年来一成不变的基本“朗肯循环”的工艺流程中，通过提高锅炉蒸汽压力，不使用机械动力，应用流体力学的理论和技术，利用高压高温蒸汽实现汽轮机排出乏汽的直接加压、补焓再利用，大大减少凝汽器冷凝蒸汽的负担，同时大幅度减少了凝气环节的热损失。

利用流体力学的射流技术、科恩达效应，将大部分乏汽直接加压利用，不需要通过“冷凝—再汽化”这一循环，全过程不消耗动力、不浪费热量，必然可以提高热—电转换效率，减少热排放，大幅度提高热电转换效率，理论值可以从现在35%提高到90%以上或更高。

改进后的系统，可以将原有的冷凝热浪费减小到原有水平十分之一或更低，如配合热泵回收技术、烟气热回收手段，则最终可以实现全热利用，热能零散失！能带来能源领域的一次革命！

四、高效压缩空气系统

全国工业领域风机、水泵和空压机年耗电为1.43万亿度，全国空压机耗电总量占15%计算，其年耗电量为2140亿度。全国每年空压机电能消耗巨大、压缩空气浪费严重!

在能源价格不断上涨，产品利润不断下降的今天，从经济角度和环保角度考虑，企业对于自身压缩空气的节能是尤其值得重视的。压缩空气系统节能对策已成为最紧急的课题。

压缩空气作为工业生产的四种基本流体介质（水、压缩空气、蒸汽、天然气）之一，能耗约占工厂设备（动力设备、制造设备、空调设备、电热设备、照明设备、给排水设备）总用电量的9% ~ 35%。

空压机在运行时，真正用于增加空气势能所消耗的电能，在总耗电量中只占很小的一部分，约15%左右。约85%的耗电转化为热量，通过风冷或者水冷的方式排放到空气中去。

本项目提出一种全新的节能压缩空气装置，利用流体力学的科恩达效应原理，在传统装置液态空气气化装置基础上设置射流引流器、气体混合引流器，利用少量液态空气气化产生少量高压压缩空气，再用少量高压压缩空气形成10~100倍的高流量压缩空气，耗能极少、系统装置简单、可靠性高、体积大大减小、供气量大、无噪声、无热排放、设备采购成本和使用成本也大幅降低。

参照国标JB/T 6430-2002，产生1MPa压缩空气的能耗指标大约是8.0KW立方每分钟（机组越大，效率越高）。25立方每分钟的空压机能耗约200Kw；每小时使用费（每度电0.6元）120元，产气1500立方；

采用本方案，产生相同压力气量，折算标准空气约1500立方左右，空气的分子量按30计算，液态空气放大使用比例暂定为1∶10，大约需要消耗的液态空气是：

1500 / 22.4 × 0.03 / 10=0.2 吨

系统只需要一个不到 1 千瓦的每分钟流量 3.3Kg 的高压超低温液体泵，系统总耗电小于 1KWh。

按照液态空气每公斤耗电 0.28 度计算生产成本，批发价 200 元 / 吨，同样产气 1500 立方成本是 40 元；

建设成本不到 1/2，占地不到 1/2；

运行成本下降到 1/3，耗电量下降到近乎零；

设备技术成熟，免维护，可靠性高；

无噪音、不排热、传输管损小；

节约能耗效果明显，社会经济效益突出。

按照每年行业耗电 2140 亿度电计算，只要节约 10%，就能节约 200 亿度电，折合约 656 万吨标准煤！

五、环境热能发电系统

在火电厂几十年来一成不变的基本“朗肯循环”的工艺流程中，选用的介质是水，其特点是环保、容易获取、循环使用，沸点高、临界温度高、汽化热高；冷凝散热比例大；目前火电厂能利用的热源有限，必须高于 100℃，几乎都是新增能源消耗。

针对现在火电、核电发电环节中工作温度过高，热电转换效率较低的问题，选择液氮、液态空气为介质，降低工作温度，实现利用环境已有热能、回收再利用的余热等低温热源发电。再进一步改进工作流程，减少工质的冷凝、再蒸发量，大大提高发电效率。

“朗肯循环”的工艺流程中，核心思想是工质受热升温、汽化膨胀、压力增大，热能转化为势能；势能在膨胀机内释放势能转化为动能，热量释放，温度、压力降低。冷凝环节放热凝结，体积缩小到 1/1000 左右，由高压工质泵高效率压入下一个环节实现循环。

这里可以看出，理论上没有限定必须是高温工作，没有限定必须是水做工作介质！只要工作温段和工作介质配合，就应该在不同温度段落都能应用朗肯循环！

该原理在最早 1996 年就有《低温能源发电的装置》专利出现，还有 CN94105093、CN00125473A 等专利，其中明确提到利用液态氮气利用低温热量转换电力的方法。国内同行近年来已经研究采用多级膨胀放能的方法，充分利用低温热能。

英国 HighView 公司的液态空气储能发电系统是目前世界上唯一中试的 2.5MW 级的液态空气储能发电系统。国内中科院叶完成了 10MW 超临界压缩空气储能系统的设计，1.5MW 级超临界压缩空气储能系统完成了 168 小时运行试验，指标达到或超过课题考核指标要求。

为什么这项技术几十年来得到认可但没有推广应用？普遍认为存在以下问题：热量转换电能效率太低，只有 30~40%。

为什么几乎没有人用于环境热能发电，而不约而同用于储能再释放过程？其中主要原因就是只有利用电网中毫无作用的“垃圾电”制造液态空气、液态氮气，然后回收 30~40% 的电能，才有可能较为经济！且远低于蓄水储能发电，几乎没有应用价值。

如果完全依靠环境热能发电，效率低于 50% 的情况下，连制造介质的电力、动力都难以满足，冷凝环节难以低成本实现，无法完成作业循环！

火电厂基本工作流程几十年来没有变化，而近年来机械加工、材料科学、自动控制技术、流体力学等都有长足的发展进步，特别是流体力学、热力学的某些应用技术更加成熟，如射流、热泵应用，应该给这样一个关键能源产业的关键工艺流程带来一些变革；利用流体力学的射流技术、科恩达效应，将大部分乏汽（气）直接增压利用，大部分介质不需要通过“冷凝—再汽化”这一循环，避免冷端损失，全过程不消耗动力、不浪费热量，必然可以提高热—电转换效率，减少热排放，大幅度提高热电转换效率，理论值从现在 35% 提高到 90% 以上或更高。

利用上述原理，采用液态空气作为工质后大部分气化气体直接通过射流器、气体混合引流器直接再利用，空气液化器凝气量减少为原来的十分之一或更少，凝气器散热量下降到原来的十分之一或更低；

冷却水循环动力、冷却塔、空冷器的整体运行能耗均大幅下降，发电效率可以提高 45% 以上，整体达到 80% 左右；

本项目从节能减排角度出发，尽可能利用环境热能，彻底取消冷却水循环，采用热泵技术，实现保留的少量冷凝水冷凝热回收再利用。全系统没有散热环节，实现理论的 100%。但是由于热泵系统的能效比只有 3~6 倍，因此回收再利用冷凝热热能时会损耗一部分机械能或电能，全系统整体效率能达到 90% 以上。

本项目发电使用的能源来自于环境空气、土壤、河流、生产生活排放的废热，具有取之不尽、能量密度大、供应稳定、随处可用、环境友好、成本低廉等多项优势，一定会得到全社会的重视，在不久的将来得到广泛的推广应用，给电力能源产业带来新生和永生！

另外，目前社会上常见的储能技术主要分为储电与储热，它的好处主要是移峰填谷意义重大，在发电厂角度能使发电更平顺和利用低峰发电能力，充分发挥发电机组作用，可以做到大幅度节能。目前储能方式主要分为三类：机械储能、电磁储能、电化学储能。

本项目已经超越储能 - 再释放的概念，在“储能”以后，还主要“撬动”环境热能参与“释放能量”过程，是储能手段的“终极”解决方案！

只要加大本项目中的液态空气储罐容量，错峰进行空气液化，就可以实现错峰储能的目的。项目规模可大可小，制备的液态空气可以管路输送或运输，非常方便，便于推广应用。

六、热泵厨具锅炉项目

在人类漫长的烹饪历史中，人们都是采取燃料燃烧加热和电能转换的方式加热食物，在这些加热的过程中，通常都是产生的绝对热能。不是借用、利用其它系统的热能。而且能量转化利用的效率，最多也就是 100%，有些如采用燃煤、燃气的情况，热效率也就不到 50%。

在小型的餐饮厨房里面，大量的发热锅灶，产生的热量只有通风

排出和散布到厨房空气中，使得厨房整体能耗很大、对环境排热量也很大，厨房内的工作温度也很高。

在传统的食品加工行业，也常常遇到一些需要大量制热、且温度不是特别高的场合，比如食品加工、物品烘干等。这些生产加工的车间和周边环境通常温度很高，改善环境的办法通常是通风、制冷。通风，则将所有产生的能量带到空气中；如果用空调制冷，则空调系统本身消耗能量的同时，多数又会向大气排放热量。这些能量没有回收利用，造成热排放，也是造成地球变暖的因素之一。

目前餐饮业节能减排虽然取得一定进展，但是节能率普遍不高，电力节能主要在灯具节能环节，节能技术推广应用产生的经济和社会效益尚不明显。

热泵技术就是利用机械压缩机强制实现某种媒介物质的物理状态“气 -- 液”转换实现的“热泵”效果，可以高效率“搬运”热量，如空调压缩机，可以高效率将室内外的热量来回搬运，夏天，把房间的热量搬到室外；冬天把室外的热量搬到室内。是一种利用高位能使热量从低位热源流向高位热源的装置。

热泵技术是目前国际上最先进的能源提取与循环利用技术，是目前人类已知的唯一一种具有能量“放大”作用的技术手段。现在我国主要利用的热泵技术，按低位热源分：水源（海水、污水、地下水、地表水等）热泵，地源（包括土壤、地下水）热泵，以及空气源热泵。

近几年来，热泵在工业中的应用已见端倪，木材、食品（茶和水果）、陶瓷、造纸、印刷、石油和化工等工业生产过程已采用了蒸汽喷射式热泵、吸收式热泵和电驱动热泵。例如，目前大约有 400 台热泵式木材干燥机正在运行，年处理能力约为 200 千立方米。

如果采用“热泵”原理制作的蒸、煮、熬、炖的灶具，可以高效率的从空气中吸收热量供灶具使用，灶具最后排出的热量又和周围变冷的空气中和，使之温度基本平衡，显然实现了节能、减排的目的。通过计算可以知道，能量消耗可以下降到原来的三分之一以下，对环境热排放则减少到四分之一或更低。

热泵型高效节能厨具项目推广的意义主要体现在，打破传统的关于能量转化利用的常见模式，实现了较高的能效比，使得有限的厨房空间内，热量能够合理的得到收集再利用。

该项目将热泵技术原理用于前述类似的食品加工、物品烘干环节，只要让工作区域之外的能量搬运到工作区域，使之处于高温，区域之外处于较低温度，而整体没有大量产生热量，小区域之内是能量冷热近乎中和平衡，对外界基本上不排出热量，显然能够达到减排效果。另外，搬运能量比能量在守恒定律下实现转换，产生热量的效率很高，目前有的设备最高可以达到 12 倍，即 1200%，得到同样热量的能量消耗理论上是原来的 12 分之一，明显节能！

目前采用这一热泵技术生产的产品，按照 100 度工作厨具 4 倍左右能效比、保温类 75 度工作温度 6 倍保守估算，和现有的普通产品的能耗对比情况如下：

煮面炉：8Kw 下降到 3Kw，节能 62%

售餐车：6Kw 下降到 1Kw，节能 83%

洗碗机：65Kw 下降到 15Kw，节能 77%

蒸饭车：15Kw 下降到 3Kw，节能 80%

开水炉：13Kw 下降到 4Kw，节能 69%

采用伪沸腾技术、蒸汽热回收循环利用技术、厨房综合废热回收利用方案以后，还会进一步大大提高热泵效率，使得节能率还能进一步增加！

厨房中还有一些煎、炒、烹、炸的高温厨具，它们也能通过热回收方式充分利用其产生的热量，回收回来多数是热水。这些热能很容易被热泵厨具应用，实现厨房的能源综合管理，科学利用。

热泵厨具的技术优势决定了该技术方案必将成为厨具市场更新换代的必然趋势，热泵厨具的研发成果，必将为企业带来不可估量的经济产能。

举例：热泵厨具特殊的节能效果，一般会在一年内通过节能方式将成本收回，锅炉等其它供热方式一般使用寿命只有五年，而热泵机

组的使用寿命可长达十五年。

热泵厨具产品是一次变革，按照每台套 1 万元计算，推广到全省、全国的餐饮企业，会有数十亿、数百亿以上的市场份额。按照 10% 的净利润，也能有数亿元利润空间。

按照北京市大约 60000 家餐饮企业，每一家企业厨具电能能耗不小于 50 千瓦，其中蒸、煮、炖、熬等温度小于 180℃的能耗应用和空调能耗合计不小于 20 千瓦，如果采用热泵技术灶具，至少能让系统能耗下降 50%，全市餐饮企业能耗降低 60 万千瓦。按照平均工作两小时计算，每年至少节电 4 亿度，相当于每年：

节约标准煤：176952 吨

减少碳排放：518400 吨

相当于植树：9669500 株

相当于绿化：116150 亩

“热泵”灶具本身还产生冷气、冷量，用于空调、冷藏、冷冻、制冰综合利用，冷热在厨房内就能中和一部分，为实现“凉爽厨房”做出贡献，减少能源消耗。实现人类几百年来梦寐以求的“冷厨房”概念，是全世界厨具行业的一次变革！

更进一步，该技术还可以应用于工业中最常见的设备之一：锅炉！锅炉行业是工业领域现有技术的蒸汽锅炉通过电、油、天然气的燃烧能转换为热能。最多等值于燃烧放出的能量或电能提供的能量。能效比基本在 85% 以上，低于 100%；即便将燃料燃烧产生的水汽冷凝，回收其中的汽化热以后，效率也只有 105%。用热泵技术作为唯一热量来源设计的锅炉，热泵从其它介质中“搬运来”热能加热锅炉里的水，利用其它介质中的“免费”能量，特别是自然界已经存在于空气、土壤、水系的热量，以及人类生产生活中产生的排风、污水、废水里的热量，还可以是免费获得的温度较低的太阳能热水中的热能等，在输出温水、开水、蒸汽的时候，能效比理论值可以分别达到 600%、300%、200% 以上，远大于其它锅炉，实现大比例节能！作为一个常用设备大范围推广应用，可以获得较大的节能、减排、增效的社会效果。

七、数据中心节能减排

目前，我国各类数据中心（IDC）总量约43万个，可容纳服务器约500万台。其中经营性数据中心机房921个，面积约88万平米，机柜数约17.7万个，可容纳服务器约200万台。

未来5年，我国对数据中心流量处理能力的需求将增长7–10倍，机房面积再翻一番才能满足需求。

2011年我国数据中心总耗电量达到700亿千瓦时，占全社会用电量的1.5%，相当于2011年天津市全年用电量。

IDC的可利用能源的特点：

数量巨大：数千乃至数万千瓦的能量消耗，最后都变成热能，需要从机房“搬走”；

稳定输出：IDC机房一旦启用，能量消耗24小时、长年累月持续消耗能源，产热稳定；

热输出品位低：热量一般通过自然冷风、冷水、大型空调冷却水等带走，温度20多度，品位低；

几十年的历史和国内外同行的现状表明，目前对该能量的利用率很低，机房节能主要考虑如何用更低的成本将热量“搬走”来实现节能，还没有人考虑回收利用该热量，即消耗少量能量，回收转换该热量，使之能得到充分利用。

相关产品和技术都非常成熟，但是电力消耗增加：采用压缩机热泵回收热量，需要消耗更多电能，虽然后续能通过热能再利用创收，冲销大量电费，但是电能的消耗量还是增加了，和目前国家节能减排考核模式不适应；另外电力供应能力是否足够、是否需要增容和能不能增容都影响系统实施；

回收资源直接利用率：回收的资源首先是热水，如何消化利用大量的热水实现减排收益？如何尽快实现温水发电？也影响项目实施；

本方案提出一个利用液态空气作为工作介质，吸收空调末端回水的热量，实现吸热、气化、升温，液体变气体，体积膨胀近千倍，可以得到高压常温的空气。利用该高压空气推动气轮机发电，实现低温热量做功发电！

再利用流体力学的空气放大器原理设计气体混合引流器，减少液态空气气化量、高效率利用液态空气，进一步大幅提高发电效率。

整个发电系统输入只有回水热量，输出电力和少量气化的空气，可以实现低温热能高效转化为电能，实现资源循环利用；液态气体临界温度 −140℃以下，吸收常温热量后，处以超临界温度状态，工作压力可以很高，排放余压、余热影响很小，发电效率可以达到 70% 或更高；

“低温热源”发电，还相当于输出“冷量”，可以实现对数据中心的制冷，是废热利用。

这种技术还将用于工作、生产很多场合下的余热回收、余热利用发电、错峰用电、调峰储能、其它清洁能源储能等用途；

以一个原设计总用电量 5000Kw 为例：

每年节约用电 3500 万度；按照我国 1kWh 发电耗 328g（国家发改委公布数据）标准煤，燃烧一吨标准煤产生二氧化碳为 2930kg，二氧化硫 8.5kg，氮氧化物 7.4kg，每颗大树每年吸收二氧化碳 18.3kg，每棵树占地 8 ㎡计算，与自然冷却方案相比，其环保效益如下：

节省标准煤 4700 吨，

节省水 3.6 万吨，

减排二氧化碳 12000 吨，

减排二氧化硫 36 吨，

减排氮氧化物 31 吨，

相当于种了 68 万棵树

增加绿化覆盖面积 8200 亩。

第十二节　远期发展方向

未来持续创新模式：根据创新的特点，技术含量不高，看得清，道的明，选择项目孵化为主

一、技术挖掘创新实现

具体创新实施：培养应用团队，挖掘国家专利，建设云创新体系，收纳黑马大赛、我爱发明、民间专利创新、天使投资吸引、众筹网站收编参与等；

二、项目孵化创新实施

采用资本的力量、孵化应用项目。做好项目准备工作，选好项目孵化、转化主体，提供技术、资金、场地、人才、体系、管理等必要的配套资源，做好项目孵化工作。

三、综合金融资本经营

根据项目孵化进展，适时参股、投资，做好资本经营工作，每个项目都应该“当儿子养、当猪来卖”，尽可以利用好金融杠杆、资本杠杆，让项目在资本市场获利，资本的获利才是企业的核心利益，而不是技术、管理、经营者个人的利益。

 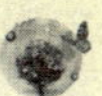

四、适度科技地产发展

未来业务主线：物色创新项目；收购、参与验证项目的价值与可行性，准备好孵化项目；完善配套资金、团队、基础资源；对接市场，寻找落实合作团队、个人、企业；投入成果、资金、资源，以天使、风险投资模式参股项目公司；启动资本经营过程，利用项目的价值，吸引政府支持，获取土地资源，用科技地产做创新经营、资本经营的后盾，以期获取最大增值。

第十三节　未来效益分析

一、研究院经济效益

创新研究院经济效益主要来源是：

专利授权许可费

专利参股分红

专利参股企业并购上市溢价

项目科技地产增值

二、项目实施社会效益

本创新研究院前期准备的 6 个项目，涉及能源再生利用、绿色动力等诸多行业，会带来许多领域的革命性变革，项目产生的社会效益巨大，难以估算。在每个项目的计划书中分别有简单估算。

仅仅这六个项目，涉及所有火电厂，可以大幅度节能增效，燃煤消耗下降一半以上；涉及所有目前使用的 2 亿辆机动车，可以节约燃油 50% 以上；空气压缩新工艺涉及工业领域的空气压缩能耗，影响到工业电力消耗的 15%，可以节约 60%；数据中心节能项目，涉及目前社会全部电耗的 1.5%，节能减排 60% 以上，相当于节约一个天津市一半以上的电能消耗。每个项目都涉及千亿、万亿的市场，会带来巨大的社会综合效益。

第十四节　研究院运营风险

一、技术风险

创新本身降低了技术风险；采用能承担风险的天使投资模式分散风险；引进国家的创新、天使投资资金来转嫁风险；体外投资天使项目进行研发剥离了风险，使得风险有限、可控。

二、管理风险

企业创建之初即采用国际一流的ISO系列标准化管理体系，落实到位，把企业变成一个铁打的营盘，从制度上保证长治久安；目标是成长为一个公众公司，具有规范的管理，长期稳定发展的目标和机制，根本上规避了管理风险。

三、市场风险

作为创新公司，顺应市场，风险较小；多个项目规避分散风险。

四、人才风险

经营面向社会甄选创新人才，利用企业的资金、平台、品牌吸引聚集创新人才；技术含量高的专业工作采用委托合作方式，全社会人才都是企业的可用资源。人才风险降低，通过企业股权绑定少数企业高管后，日常运营事务工作加大培训体系建设，形成靠效益吸引、体系培训，即便有“流水的兵”也具有合格的“战斗力”。

五、资金风险

创新企业应该具有好的经济效益，资金风险通常会发生在过度投资、财务成本失控等方面。具体项目实施过程中应该做好充分的资金需求分析，留有余地，防止发生类似风险。

第七章　液态空气

水和空气，是自然界最丰富、和人类最亲密的两种介质，某种意义上说，使用水和空气作为工作介质，且没有改变它们属性的工作模式，就是最绿色环保的。水人们比较熟悉，但绝大多数人都没有接触过液态空气，有神秘感；对超低温世界也有神秘感、恐惧感。因此我们把液态空气有关的一些资料，收集、整理，提供给大家，来认识、了解液态空气，为液态空气的推广应用做做准备。

第一节　性　质

空气是由 78.01% 的氮、20.9% 的氧以及氩、氖、氙、氪等稀有气体组成的混合物。液态空气就是将空气经过液化而成的。液态空气为淡青色液体。密度约 0.9。沸点－192℃（101.3 千帕，760 毫米汞柱）。

目前，市面上由于液态空气用户较少，所以很少有人销售，能容易买到的常常是从液态空气提纯后的液氮。液态氮是惰性的，无色，无嗅，无腐蚀性，不可燃，温度极低。氮构成了大气的大部分（体积比 78.03%，重量比 75.5%）。氮是不活泼的，不支持燃烧；但是它不是维持生命的必要元素。液态氮为无色、无味，不易燃烧，不会爆炸，沸点是—196 摄氏度，临界温度 −147℃；临界压力 3.39Mpa。

第二节　制　作

有多种方法可以生产液态空气，例如将空气适度压缩，同时制冷冷却至低温，再使之膨胀就能迅速进一步降温，马上会有部分空气液化，没有液化的气体再进入压缩发热，散热后进入膨胀过程，不断循环。主要的原理就是设法将空气的热量“抽走”、“散掉”，不论哪种方式，都有“冷却”环节。在约 −142℃以上，即超过氮、氧的临界温度以上，单纯压缩，即便 1 万个大气压，也不可能将空气液化！

第三节　成　分

液态空气在液化过程中，二氧化碳、水蒸气早已变为固体被清除，微量稀有气体正常沸点低的亦一样变成固体，不能存在其中，所以液态空气是由氮 78%，氧 21%，氩 1% 等沸点相差不大的几种液态气体混合组成。

由于液态空气中约含有 1/5 液氧，沸点的不同，于是蒸发出的比例不同，所以液态空气组份比例经常变，沸点也就在变，不固定。

第四节　用　途

目前，人们液化空气的主要目的在于制取液氮、液氧及提取稀有气体。制取的基本原理是利用液态空气组份沸点的不同（氮：77K 氧 90. 2K）而在分镏塔中进行分离而得到。

1、可当冷剂产生制冷效果；

2、工业上主要可分馏出氮气、氧气、惰性气体；

3、人工降雨；

4、医学冷冻制冷、标本保存、冷冻胚胎等；

氮可以用来制氨，氨是重要的化学原料。氮化学性质不活泼，液氮可作低温源，尤其高温超导体发现以后的今天，显得更为重要。除此之外，液氮在医学上也有很重要的应用。

氧可以广泛地应用在高温冶炼、高温焊接、高温切割及医疗方面。氩是惰性气体，可以充入白炽灯泡和其他电光源。

第五节　安　全

液态空气从上世纪60年代以后就已经实现工业化应用，产业成熟。类似的物质液氮应用极为普遍，从工厂、医院到乡村养殖场、配种站，几乎没有听到有什么安全事故的报道。对于没有存放在密封空间的“蓝色液体”，没有大量的热量瞬间供应，绝对不会发生“爆炸”。

如果把液态空气存放在密封空间，即便是保温设备，也要注意排气，因为总是有少量热量传入，不断有液体汽化，密封会导致压力不断升高！

第六节　储　存

可用保温容器、保温钢筒贮存和运输。目前，LNG车已成功大量使用超低温保温液态气体储藏罐，成熟、稳定、安全。

对于超低温的液态空气，只要不要让它得到热量，它就是稳定的蓝色液体。需要的储存环境就是保温、绝热。通常的保温暖瓶、保温杯都是很好的保温储存装置。储存液态空气不需要压力，因为压力再

 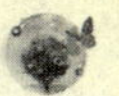

大，也只能维持最高约 −142℃的温度，远不如随时将汽化的空气排放，带走热量，自然维持沸点以下 −192℃的液态状态。

几乎所有的储存液态空气的装置都采用排气方法维持温度，而不用其它消耗能源制冷的模式。

储存液态空气必须注意排气，否则压力会不断上升。

第七节　成　本

生产液态空气，目前非常成熟，大约每公斤液态空气消耗 0.28 度电，约合 1 角钱，英国有报道大约是 6 便士。

现在热泵技术的水平已经很高，只是普遍将冷却热直接排放到环境中，没有再利用。如果将来空气液化产能非常大，完全有必要把空气液化过程释放的热量和过程中新消耗的机械能一起，通过冷却水的热回收实现再利用，生产热水、蒸汽，完全有希望让液态空气生产成本进一步大幅度下降，从目前每吨 100 ~ 200 元，下降到数十元。

液氮批发价格约 800 元 / 吨，零售价格一般 1000 ~ 2000 元 / 吨。

第八节　能　量

每公斤空气从 20℃变成 −192℃，包括凝结热在内总共需要释放约 0.23 度电等值的能量。它不像汽油、液化天然气一样具有容易释放的所谓燃烧热。不应算作能源物质，没有常规意义上的能量。只能属于一个工作介质。其比热容约为 1.4。

第九节 压 力

液态空气膨胀过程中吸收环境热汽化、膨胀技术非常成熟，各种空温气化器、水浴气化器、电热气化器等各式各样的产品很常见，输出压力从低压到 30MPa 以上规格齐全，技术成熟，使用安全、可靠。

第十节 输 送

超低温状态下，部分塑料制品、金属制品会变脆，多数物质会明显收缩。不锈钢等金属材料、四氟乙烯、硅胶等材料性能良好。输送过程的管路、接口、超低温泵、传感、计量均很成熟。品种、规格齐全。

第十一节　环　保

整个生产液态空气的过程都是物理过程，没有化学反应，几乎没有环境污染风险。即便在制冷环境，冷媒也是封闭使用，泄漏的风险很小，还有采用液氮做冷媒的生产工艺可供选用。

生产、储存、运输、使用全过程几乎不会造成上下游污染，如果考虑放出的热量回收再利用，则连“热污染”都没有。

第十二节　伤　害

冷的物质不会“辐射冷”，只有直接、大量、长时间接触才会受伤害，最重要的是保护好眼睛等非常脆弱的器官不要直接接触液态空气。实际上，微小的“液态空气”液滴，很难飞到人的皮肤上，在飞行过程中，和常温空气接触，早都变成气体了。

如果大量接触超低温的液态空气，造成的冻伤，类似于“烫伤”，同样由于不像热量除了接触之外还会辐射、红外传导，冷冻的伤害只有传导、没有辐射模式，相当要小很多。

第十三节 未 来

液态空气作为一个类似于水的液体，吸收环境热能就能实现膨胀、做功，有可能成为一种使用量比汽油、煤油、柴油还要量大的一种最环保的工作介质，需要少量的能量帮助，就能撬动环境中热量“循环”、“流动”起来，在循环过程中人们得到动力，有可能让人类摆脱能源危机、环境污染，实现真正的绿色生活！